Coordinadores
JUAN CARLOS TÓJAR HURTADO
LETICIA C. VELASCO MARTÍNEZ

AF274248

Investiga AZUL

Conectando la investigación sostenible
y transdisciplinar desde el enfoque
de la economía azul

EDICIONES PIRÁMIDE

BIBLIOTECA UNIVERSITARIA

El contenido de esta obra se sustenta en los resultados del proyecto de investigación «Evaluación de Competencias para el Emprendimiento Social y la Sostenibilidad-Azul (CASES-B) Competences Assessment for Social Entrepreneurship and Sustainability-Blue» (Código: PID2020-114963RB-I00), del Programa Estatal de Generación de Conocimiento y Fortalecimiento Científico y Tecnológico del Sistema de I+D+i y del Programa Estatal de I+D+i Orientada a los Retos de la Sociedad, y del Plan Estatal de Investigación Científica y Técnica y de Innovación 2017-2020.

 UNIVERSIDAD DE MÁLAGA

 IBYDA Instituto de Biotecnología y Desarrollo Azul

Reservados todos los derechos. El contenido de esta obra está protegido por la Ley, que establece penas de prisión y/o multas, además de las correspondientes indemnizaciones por daños y perjuicios, para quienes reprodujeren, plagiaren, distribuyeren o comunicaren públicamente, en todo o en parte, una obra literaria, artística o científica, o su transformación, interpretación o ejecución artística fijada en cualquier tipo de soporte o comunicada a través de cualquier otro medio, sin la preceptiva autorización.

Ediciones Pirámide se compromete con el medio ambiente reduciendo la huella de carbono de sus libros.

PAPEL DE FIBRA
CERTIFICADA

© Juan Carlos Tójar-Hurtado (Coord.)
   Leticia C. Velasco-Martínez (Coord.)
© Ediciones Pirámide (Grupo Anaya, S. A.), 2024
Valentín Beato, 21. 28037 Madrid
Teléfono: 91 393 89 89
www.edicionespiramide.es
Depósito legal: M. 19.004-2024
ISBN: 978-84-368-4994-3
Printed in Spain

Investiga AZUL

Conectando la investigación sostenible
y transdisciplinar desde el enfoque
de la economía azul

Relación de autores

ROBERTO T. ABDALA DÍAZ
Instituto de Biotecnología y Desarrollo Azul (IBYDA). Universidad de Málaga

M.ª CARMEN ALONSO
Instituto de Biotecnología y Desarrollo Azul (IBYDA). Departamento de Microbiología. Facultad de Ciencias. Universidad de Málaga

DANIEL ÁLVAREZ-TORRES
Instituto de Biotecnología y Desarrollo Azul (IBYDA). Universidad de Málaga

SALVADOR ARIJO
Instituto Andaluz de Biotecnología y Desarrollo Azul (IBYDA). Departamento de Microbiología. Facultad de Ciencias. Universidad de Málaga

JUAN JOSÉ ARJONA-ROMERO
Instituto de Biotecnología y Desarrollo Azul (IBYDA). Facultad de Ciencias de la Educación. Universidad de Málaga

MARÍA DEL CARMEN BALEBONA
Instituto Andaluz de Biotecnología y Desarrollo Azul (IBYDA). Departamento de Microbiología. Facultad de Ciencias. Universidad de Málaga

JULIA BÉJAR
Instituto de Biotecnología y Desarrollo Azul (IBYDA). Departamento de Biología Celular, Genética y Fisiología. Facultad de Ciencias. Universidad de Málaga

RAFAEL BLANCO SEPÚLVEDA
Instituto Andaluz de Biotecnología y Desarrollo Azul (IBYDA). Departamento de Geografía. Facultad de Filosofía y Letras. Universidad de Málaga

JOSÉ BONOMI
Laboratorio de Ficología. Departamento de Botánica. Universidad Federal de Santa Catarina. Florianópolis. Brasil

JUAN JOSÉ BORREGO
Instituto de Biotecnología y Desarrollo Azul (IBYDA). Departamento de Microbiología. Facultad de Ciencias. Universidad de Málaga

DOLORES CASTRO
Instituto de Biotecnología y Desarrollo Azul (IBYDA). Departamento de Microbiología. Facultad de Ciencias. Universidad de Málaga

PABLO CASTRO-VARELA
Grupo de Investigación FICOLAB. Departamento de Botánica. Facultad de Ciencias Naturales y Oceanográficas. Universidad de Concepción. Concepción, Chile

PAULA CELIS-PLÁ
Laboratorio de Investigación Ambientales Acuática (LACER) / HUB Ambiental. Universidad de Playa Ancha. Valparaíso, Chile

ISABEL M. CEREZO
Instituto Andaluz de Biotecnología y Desarrollo Azul (IBYDA). Departamento de Microbiología. Facultad de Ciencias. Universidad de Málaga

MARTA DOMÍNGUEZ-MAQUEDA
Instituto Andaluz de Biotecnología y Desarrollo Azul (IBYDA). Departamento de Microbiología. Facultad de Ciencias. Universidad de Málaga

MIGUEL ÁNGEL FERNÁNDEZ JIMÉNEZ
Instituto de Biotecnología y Desarrollo Azul (IBYDA). Facultad de Ciencias de la Educación. Universidad de Málaga

FÉLIX L. FIGUEROA
Instituto de Biotecnología y Desarrollo Azul (IBYDA). Universidad de Málaga

JORGE GARCÍA-MÁRQUEZ
Instituto Andaluz de Biotecnología y Desarrollo Azul (IBYDA). Departamento de Microbiología. Facultad de Ciencias. Universidad de Málaga

ESTHER GARCÍA-ROSADO
Instituto de Biotecnología y Desarrollo Azul (IBYDA). Departamento de Microbiología. Facultad de Ciencias. Universidad de Málaga

JUAN GÉMEZ-MATA
Instituto de Biotecnología y Desarrollo Azul (IBYDA). Departamento de Microbiología. Facultad de Ciencias. Universidad de Málaga

MARÍA LUISA GÓMEZ JIMÉNEZ
Instituto de Biotecnología y Desarrollo Azul (IBYDA). Área de Derecho Administrativo. Departamento de Derecho Público. Facultad de Estudios Sociales y del Trabajo. Universidad de Málaga

FRANCISCO J. L. GORDILLO
Instituto de Biotecnología y Desarrollo Azul (IBYDA). Departamento de Ecología. Facultad de Ciencias. Universidad de Málaga

MARÍA INMACULADA JIMÉNEZ PERONA
Instituto de Biotecnología y Desarrollo Azul (IBYDA). Facultad de Ciencias de la Educación. Universidad de Málaga

NATHALIE KORBEE
Instituto de Biotecnología y Desarrollo Azul (IBYDA). Universidad de Málaga

ALEJANDRO MANUEL LABELLA
Instituto de Biotecnología y Desarrollo Azul (IBYDA). Departamento de Microbiología.
Facultad de Ciencias. Universidad de Málaga

CLOTILDE LECHUGA JIMÉNEZ
Instituto de Biotecnología y Desarrollo Azul (IBYDA). Facultad de Ciencias
de la Educación. Universidad de Málaga

ROCÍO LEIVA-REBOLLO
Instituto de Biotecnología y Desarrollo Azul (IBYDA). Departamento de Microbiología.
Facultad de Ciencias. Universidad de Málaga

FRANCISCO JAVIER LIMA CUETO
Instituto Andaluz de Biotecnología y Desarrollo Azul (IBYDA). Departamento
de Geografía. Facultad de Filosofía y Letras. Universidad de Málaga

GEMA LOBILLO MORA
Instituto de Biotecnología y Desarrollo Azul (IBYDA). Facultad de Ciencias
de la Comunicación. Universidad de Málaga

JUAN JESÚS MARTÍN JAIME
Instituto de Biotecnología y Desarrollo Azul (IBYDA). Facultad de Ciencias
de la Educación. Universidad de Málaga

EDUARDO MARTÍNEZ-MANZANARES
Instituto Andaluz de Biotecnología y Desarrollo Azul (IBYDA). Departamento
de Microbiología. Facultad de Ciencias. Universidad de Málaga

JUAN C. MEJÍA-GIRALDO
Grupo de Investigación en Compuestos Funcionales. Facultad de Ciencias Exactas
y Naturales. Universidad de Antioquia. Medellín, Colombia

ESTHER MENA RODRÍGUEZ
Instituto de Biotecnología y Desarrollo Azul (IBYDA). Facultad de Ciencias
de la Educación. Universidad de Málaga

PATRICIA MORENO
Instituto de Biotecnología y Desarrollo Azul (IBYDA). Departamento de Microbiología.
Facultad de Ciencias. Universidad de Málaga

MIGUEL ÁNGEL MORIÑIGO
Instituto Andaluz de Biotecnología y Desarrollo Azul (IBYDA). Departamento
de Microbiología. Facultad de Ciencias. Universidad de Málaga

OLIVIA PÉREZ-GÓMEZ
Instituto de Biotecnología y Desarrollo Azul (IBYDA). Departamento de Microbiología.
Facultad de Ciencias. Universidad de Málaga

MIGUEL PUERTAS MEJÍA

Grupo de Investigación en Compuestos Funcionales. Facultad de Ciencias Exactas y Naturales. Universidad de Antioquia. Medellín, Colombia

SONIA ROHRA-BENÍTEZ

Instituto de Biotecnología y Desarrollo Azul (IBYDA). Departamento de Microbiología. Facultad de Ciencias. Universidad de Málaga

SILVANA TERESA TAPIA-PANIAGUA

Instituto de Biotecnología y Desarrollo Azul (IBYDA). Departamento de Microbiología. Facultad de Ciencias. Universidad de Málaga

JUAN CARLOS TÓJAR-HURTADO

Instituto de Biotecnología y Desarrollo Azul (IBYDA). Facultad de Ciencias de la Educación. Universidad de Málaga

DÉBORA TOMAZI PEREIRA

Instituto de Biotecnología y Desarrollo Azul (IBYDA). Universidad de Málaga

JULIA VEGA

Instituto de Biotecnología y Desarrollo Azul (IBYDA). Universidad de Málaga

LETICIA C. VELASCO-MARTÍNEZ

Instituto de Biotecnología y Desarrollo Azul (IBYDA). Facultad de Ciencias de la Educación. Universidad de Málaga

M.ª REMEDIOS ZAMORA ROSELLÓ

Instituto de Biotecnología y Desarrollo Azul (IBYDA). Área de Derecho Administrativo. Departamento de Derecho Público. Facultad de Derecho. Universidad de Málaga

Índice

© Ediciones Pirámide

© Ediciones Pirámide

Prólogo

Divulgar la ciencia es crucial por motivos que abarcan desde el progreso social y económico, hasta la educación y la transparencia. La divulgación científica permite que el conocimiento generado en ámbitos académicos y científicos llegue a públicos mucho más amplios (educativos, empresariales, Administración, ciudadanía en general...). Porque con ello, además, se facilita la mejora de la comprensión de conceptos complejos y se promueve una ciudadanía más informada y científicamente educada. Cuando la ciudadanía, y también la Administración, están más (in)formadas sobre los avances científicos, las decisiones que tienen que tomar están mejor fundamentadas, y este hecho es clave para la transparencia, la participación social y la democracia. Así, si la investigación se divulga de una manera clara y accesible, se combaten la desinformación y los bulos[1], y se contribuye al bienestar de la población[2]. La transparencia en los procesos y resultados científicos genera confianza en las instituciones y en la sociedad en general.

La divulgación científica, asimismo, posee un gran valor educativo: puede despertar interés y curiosidad en jóvenes, promoviendo la motivación por la ciencia, la tecnología y el conocimiento, inspirando así a las nuevas generaciones.

Divulgar la ciencia facilita igualmente la transferencia a la sociedad. Compartir de manera accesible resultados científicos puede impulsar ideas innovadoras y nuevos proyectos, tanto en el sector empresarial como en el ámbito social[3]. La colaboración con sectores sociales y productivos es vital para la innovación y el avance tecnológico, ya que posibilita el desarrollo de soluciones más integrales y ajustadas a las necesidades reales de la sociedad.

La divulgación de procesos y resultados científicos favorece también la colaboración interdisciplinar y transdisciplinar. Divulgando entre miembros de la comunidad científica, sea cual sea la rama de conocimiento (desde las humanidades y el arte, pasando por todo

---

[1] Mansur, V., Guimarães, C., Sá, M., Dias, L. y Medina, C. (2021). From academic publication to science dissemination. *Cadernos de Saude Publica, 37.* https://doi.org/10.1590/0102-311X00140821

[2] Chambers, D. (2022). Dissemination. En F. Rapport, R. Clay-Williams y J. Braithwaite (eds.), *Implementation Science. The key concept.* Routledge. https://doi.org/10.4324/9781003109945

[3] Berbegal-Mirabent, J. y Ribeiro-Soriano, D. E. (2017). Disseminating scientific research: A double-edged sword? *Knowlegde Management Research and Practice, 15,* 380-390. https://doi.org/10.1057/S41275-017-0070-X

© Ediciones Pirámide

tipo de ciencias sociales y experimentales, y hasta las áreas tecnológicas), se promueven conexiones entre disciplinas y el abordaje de los grandes retos ambientales y sociales, protegiendo los entornos de los que dependemos los seres humanos[4]. Además, al divulgar también se incentiva la participación más activa en el desarrollo social basado en la ciencia, e incluso se promueve la colaboración de colectivos sociales en acciones científicas en el marco de la denominada «ciencia ciudadana».

Todas estas cuestiones entroncan en la razón de ser del *Instituto de Biotecnología y Desarrollo Azul* (IBYDA): «la investigación, la docencia, la divulgación, el desarrollo y la transferencia de conocimiento en el campo transdisciplinar de la Biotecnología y el Desarrollo Azul»[5]. El IBYDA surgió en 2019 en la Universidad de Málaga, y es ahora un *Instituto Andaluz de Investigación* que se encuentra ubicado en el Centro Experimental Grice Hutchinson de la Universidad de Málaga[6]. Con un centenar de miembros, pertenecientes a más de 20 grupos de investigación, el IBYDA quiere conseguir que la investigación en Ciencia, Tecnología y Sociedad (CTS), y el Desarrollo Azul, sea más útil a la sociedad frente a los grandes retos socioambientales, trabajando de forma cooperativa y transdisciplinar.

Para responder a estos retos, el IBYDA se organiza en tres unidades de carácter transversal (Ecosistemas y organismos acuáticos; Tecnología de procesos y biotecnología, y Gestión azul y proyección social), que operan en tres líneas estratégicas: emergencia ambiental, procesos y sostenibilidad: bioenergía y biorrefinería, y educación, formación y transferencia azul.

Con la publicación de este libro, el IBYDA cumple con sus propósitos de divulgar la investigación que realiza, promoviendo la transferencia de conocimiento a la sociedad, favoreciendo la colaboración transdisciplinar y tratando de dar respuesta desde la economía azul[7] a algunos de los retos que supone la necesaria sostenibilidad en la investigación, en la sociedad y en el planeta.

Esta obra consta de 14 capítulos, cada uno de ellos referido a una investigación que miembros del IBYDA, de diferentes disciplinas, están desarrollando en diversos ámbitos, pero siempre desde la perspectiva de la economía azul. El *planeta azul*, como así lo destacaba Gunter Pauli[8], la economía circular y las soluciones basadas en la naturaleza están presentes en cada una de las investigaciones presentadas. En este trabajo se recorren las ciencias naturales y las ciencias sociales, los sistemas ecológicos y los sistemas sociales. Desde las algas, plantas y cianobacterias, pasando por la fauna marina y sus bosques, microorganismos, probióticos, hasta las montañas. Desde la educación y el emprendimiento azul, hasta el derecho y la comunicación. Todas las

---

[4] Nutile, S. A., Simpson, A. M. y Solan, M. E. (2020). Bridging the information gap between science and society: A solution to nonpoint source contamination? *Integrated Environmental Assessment and Management, 16*, 415-420. https://doi.org/10.1002/ieam.4269

[5] https://www.ibyda.es/presentation

[6] Loma de San Julián, 2. Barriada de San Julián. Universidad de Málaga, 29004, Málaga.

[7] Pauli, G. (2010). *The blue economy.* Paradigm Pubns. Boulder [trad.: Pauli, G. (2011). *La economía azul: 10 años, 100 innovaciones, 100 millones de empleos. Un informe para el Club de Roma: 115 (Metatemas).* Tusquets Editores].

[8] Pauli, G. (2010). *Op. cit.*

© Ediciones Pirámide

investigaciones impregnadas de *azul,* de sostenibilidad, de transferencia y de transdisciplinariedad.

FÉLIX LÓPEZ FIGUEROA
Director del IBYDA. Catedrático de Ecología de la Universidad de Málaga.

JUAN CARLOS TÓJAR-HURTADO
Educación, Divulgación y Proyección Social del IBYDA. Catedrático de Ciencias
de la Educación de la Universidad de Málaga.

© Ediciones Pirámide

1

Nutricosmecéutica azul basada en cianobacterias, algas y plantas

Félix L. Figueroa, Nathalie Korbee, Roberto T. Abdala Díaz,
Julia Vega, Débora Tomazi Pereira, Pablo Castro-Varela,
José Bonomi, Paula Celis-Plá, Miguel Puertas Mejía
y Juan C. Mejía-Giraldo

1. NUTRICOSMECÉUTICA AZUL: NUTRICIÓN, COSMÉTICA Y SALUD

La nutricosmecéutica azul agrupa investigaciones en el campo de la nutrición, cosmética y salud. Es azul porque se estudian las aplicaciones de organismos acuáticos como cianobacterias y algas, especialmente marinas, lo que se conoce como biotecnología azul, y también por aplicar los principios de economía azul y circular, que se basa en la reducción y aprovechamiento de los residuos procedentes de actividades productivas (agroindustria, ganadería y acuicultura), así las algas y cianobacterias pueden cultivarse en combinación con peces en sistemas de acuicultura multitrófica integrada (IMTA, del inglés *integrated multitrophic aquaculture*), donde se aprovechan los residuos procedentes del cultivo de peces como nutrientes para las algas o cianobacterias, evitando así el uso de fertilizantes agrícolas. También se aprovechan todos los compuestos de estos organismos, de forma que, por ejemplo, se extraen los compuestos de interés para productos cosméticos, y el residuo restante se puede utilizar para biofertilizantes o compost.

Las algas y cianobacterias tienen en su composición interna una gran diversidad de compuestos bioactivos con potenciales aplicaciones en diversos campos como la cosmética, la salud o la nutrición. Los *cosmecéuticos* se encuentran en la intersección entre los cosméticos (productos que simplemente limpian y embellecen) y la salud (productos que curan y sanan), y se definen como productos cosméticos tópicos que dicen tener beneficios en la salud[1]. Los *nutracéuticos* están en la intersección entre la nutrición y la salud y son alimentos o bebidas que proporcionan beneficios para la salud, incluyendo la prevención

---

[1] Carrie, M. (2008). Nutricosmetics: decoding the convergence of beauty and healthcare. En *Cosmetics Conference,* Ámsterdam, 15-17 de abril de 2008. https://www.yumpu.com/en/document/view/23875386/nutricosmetics-decoding-the-convergence-of-kline-company

o tratamiento de la enfermedad (también llamados «alimentos funcionales»)[2]. Por otro lado, los *nutricosméticos* son complementos alimenticios cuyos principios activos actúan directamente sobre la piel, el cabello y las uñas, mejorando su salud y aspecto (figura 1.1). En la figura 1.1 se señala también la intersección entre cosmética, nutrición y salud, lo que indica que algunos ingredientes pueden no solo actuar sobre la piel, el cabello y las uñas, sino que también muestran más efectos sistémicos (laterales) que resultan en una mejor salud y estado físico. Estos productos recibirían el nombre de *nutricosmecéuticos*.

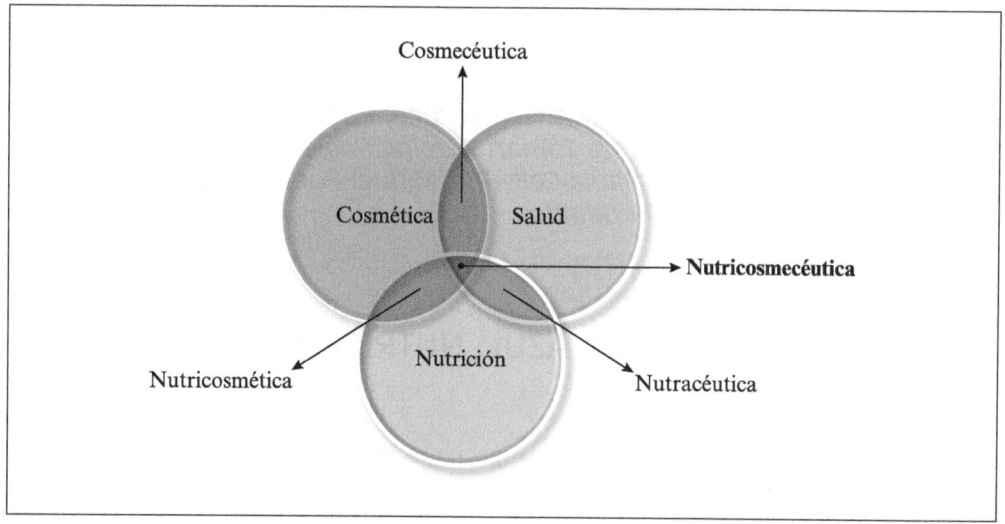

Figura 1.1. Nutricosmecéuticos: intersección entre cosmética, nutrición y salud. FUENTE: adaptado de Carrie (2008)[3].

La nutricosmética en su mayoría se centra en el efecto antioxidante, buscando reducir o retrasar el envejecimiento de la piel mediante el uso de compuestos antioxidantes que pueden reducir las especies reactivas de oxígeno (ROS, del inglés *reactive oxygen species*), muy involucradas en el envejecimiento prematuro de la piel. Diferentes condiciones, tales como la radiación ultravioleta (UV) o el calor extremo, contribuyen a la producción de estas especies reactivas de oxígeno en diferentes tejidos, que pueden reaccionar con el ADN, proteínas o lípidos, generando mutaciones o daño oxidativo. Por tanto, entre los ingredientes nutricosméticos destacan los compuestos antioxidantes. Entre estos compuestos se encuentran los carotenoides (β-caroteno, licopeno, fucoxantina, luteína, zeaxantina y astaxantina) y polifenoles (florotaninos, antocianidinas, catequinas, flavonoides, taninos y procianidinas)[4]. Tales antioxidantes también pueden tener importantes

[2] Barel, A. O., Paye, M. y Maibach, H. I. (eds.) (2014). *Handbook of cosmetic science and technology* (4.ª ed.). CRC Press. https://doi.org/10.1201/b16716

[3] Carrie, M. (2008). *Op. cit.*

[4] Blunt, J. W., Carroll, A. R., Copp, B. R., Davis, R. A., Keyzers, R. A. y Prinsep, M. R. (2017). *Natural Product Reports, 34*, 235-294. https://doi.org/10.1039/C7NP00052A

© Ediciones Pirámide

efectos sistémicos en el cuerpo, como antiinflamatorio, inmunomodulador o antitumoral. El mercado de los nutricosmecéuticos o complementos alimenticios ha tenido un importante crecimiento anual en la actualidad, ya que hoy en día los consumidores son conscientes de la importancia de una nutrición saludable, que contenga productos que contribuyen a la prevención de enfermedades, y mejora de la salud en general. Los principales ingredientes nutricosméticos que hay en el mercado en la actualidad son colágeno, coenzima Q10 (Co-Q10), extracto de semilla de uva, té verde, luteína, licopeno, complejo marino (ingrediente de peces de alta mar), omega-3, «superfrutas» (açaí, granada, pitaya, papaya), vitaminas A, C y E, polvo de urucum o maca y zinc, entre otros[5] y en menor medida productos de algas[6]. De acuerdo con estos antecedentes investigadores del IBYDA y de otros centros internacionales de Brasil, Chile y Colombia han tratado de alcanzar nuevos compuestos cosmecéuticos y nutricosmecéuticos basados en distintas algas y plantas, parte de estas investigaciones se han llevado a cabo dentro del proyecto NAZCA: «Nutricosmecéutica azul con cianobacterias y algas» financiado por la Junta de Andalucía (Proyecto de Excelencia, PY20-00458).

2. RELEVANCIA DE INVESTIGAR EN NUTRICOSMECÉUTICA AZUL

En una población en continuo crecimiento, urge encontrar fuentes de biomasa alternativas, que sirvan de materia prima para la obtención de ingredientes funcionales bioactivos en el campo de la nutricosmecéutica. En los últimos años, las algas y cianobacterias han adquirido un gran interés en este campo, pero el uso de estos organismos presenta dos limitaciones:

1. La disponibilidad de biomasa, ya que serían necesarias grandes cantidades.
2. El coste de la extracción y purificación de las moléculas de interés.

En el proyecto NAZCA se trabajó en la mejora de estas limitaciones. Se propuso el uso de cianobacterias y macroalgas, optimizando su cultivo y utilizando sistemas sostenibles como el IMTA mencionado anteriormente; y el aprovechamiento de la especie exótica invasora *Rugulopteryx okamurae,* de la que se pueden encontrar grandes cantidades de biomasa tanto en arribazones como dentro del agua. Su valorización ayudaría al control de la especie, la cual está afectando a la biodiversidad marina de la zona, así como al sector pesquero y turístico. Basándose en dichas especies, se seleccionaron tres moléculas diana con alta capacidad fotoprotectora y antioxidante, con potencial de utilización en productos nutricosmecéuticos: los aminoácidos tipo micosporinas (MAA, del inglés *mycosporine-like amino acids*), la escitonemina y la fucoxantina. Los MAA se encuentran principalmente en algas rojas y algunas cianobacterias, son moléculas fotoprotectoras

---

[5] Jahan, A., Ahmad, I. Z., Fatima, N., Ansari, V. A. y Akhtar, J. (2017). Algal bioactive compounds in the cosmeceutical industry: A review. *Phycologia, 56,* 410-422. https://doi.org/10.2216/15.58.1

[6] Thiyagarasaiyar, K. et al. (2020). *Marine drugs, 18,* 323. https://doi.org/10.3390/md18060323

capaces de absorber la radiación UV evitando que esta llegue a las células y cause daño. Existen más de 25 tipos diferentes de MAA con capacidades de absorber en distintas longitudes de onda, que van desde 310 hasta 360 nm; por ejemplo, mycosporina-serinol absorbe a 310 nm o porphyra-334 absorbe a 334 nm. La escitonemina también es un pigmento fotoprotector presente únicamente en algunas cianobacterias, absorbe la radiación UV principalmente en el UV-A sobre 380 nm. La fucoxantina es un carotenoide que se encuentra en el alga exótica *R. okamurae* con propiedades antioxidantes.

El proyecto NAZCA genera una ventaja competitiva al plantear el diseño de fotoprotectores tópicos y orales con productos naturales sostenibles enmarcados en el desarrollo azul.

3. CÓMO SE ESTÁ INVESTIGANDO

El proyecto NAZCA ha dado continuidad a la línea de investigación sobre cosmecéuticos extraídos de cianobacterias, macroalgas marinas y plantas en el marco de otros proyectos como:

1. Investigación interdisciplinar para la gestión azul del alga exótica invasora *Rugulopteryx okamurae* (BLUEMARO), proyecto del Plan Nacional, Programa Retos PID2020-116136RB-I00.
2. Algae for more sustainable and healthly functional foods (ALGA-HUB), proyecto del Plan de Recuperación, Transformación y Resiliencia Next Generation TED2021-131555B-C22, financiado por el Ministerio de Ciencia e Innovación.
3. Nutricosmeceutical valorization of *Porphyra/Pyropia* spp. (Rhodophyta): biorefinery approach in the frame of Blue Economy (NUVAPY-BLUE), proyecto Marie Curie HORIZON-TMA-MSCA-PF-EF SEP-210890869, financiado por la Unión Europea.

Además, el grupo investigador «Fotobiología y biotecnología de organismos acuáticos (FYBOA-RNM295)» tiene una dilatada trayectoria investigadora en fotobiología de algas, especialmente en MAA, antioxidantes, polifenoles y polisacáridos ácidos[7].

Los objetivos del proyecto NAZCA fueron (figura 1.2):

---

[7] Korbee, N., Mata, M. T. y López Figueroa, F. (2010). *Limnology and oceanography, 55,* 899-908. https://doi.org/10.4319/lo.2010.55.2.0899. Abdala-Díaz, R. T. et al. (2010). *Ciencias marinas, 36*(4), 345-353. https://doi.org/10.1007/s10811-010-9622-7. Figueroa, F. L. et al. (2008). *Journal of the world aquaculture society, 39,* 692-699. https://doi.org/10.1111/j.1749-7345.2008.00199.x. Figueroa, R. et al. (2011). *Revista Iberoamericana de Tecnología Postcosecha, 12,* 44-50. De la Coba, F. et al. (2019). *Marine Drugs, 17*(1), 55. https://doi.org/10.3390/md17010055. Álvarez-Gómez, F. et al. (2016). *Ciencias Marinas, 42,* 271-288. https://doi.org/10.7773/cm.v42i4.2677. Celis-Plá, P. S. et al. (2017). *Marine Environmental Research, 130,* 157-165. https://dx.doi.org/10.1016j.marenvres.2017.07.015. Barceló-Villalobos, M. et al. (2017). *Marine Biotechnology, 19,* 246-254. https://doi.org/10.1007/s10126-017-9746-8. Briani, B. et al. (2018). *Journal of Phycology, 54,* 380-390. https://doi.org/10.1111/jpy.12640

© Ediciones Pirámide

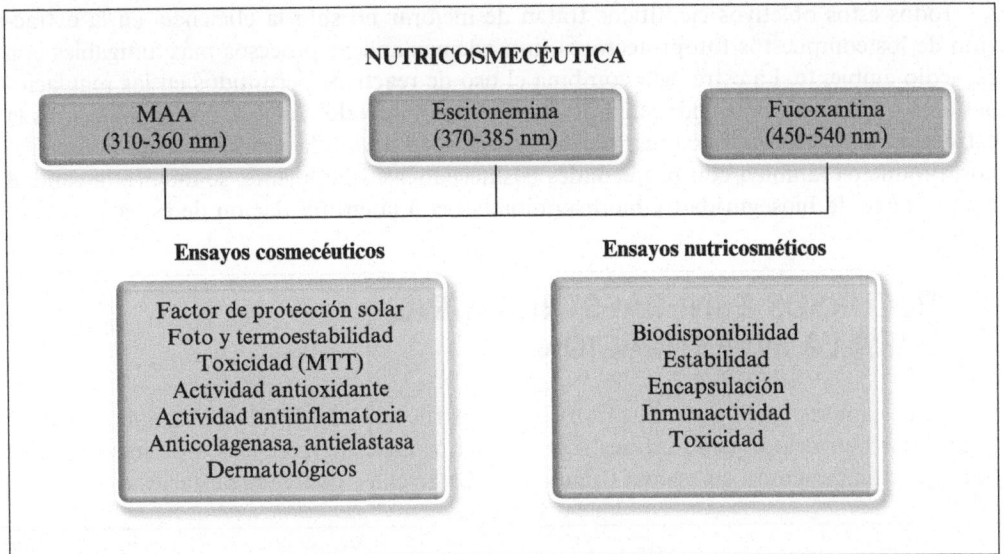

Figura 1.2. Compuestos bioactivos extraídos y ensayos cosmecéuticos y nutricosmecéuticos realizados en el proyecto NAZCA.

1. *Optimizar la producción de biomasa y compuestos bioactivos en cianobacterias y macroalgas marinas seleccionadas mediante tratamientos fotobiológicos y de estrés.*

   Para ello se seleccionaron cepas de interés y se realizaron experimentos con distintas calidades de luz (por ejemplo, rojo, azul, verde, UV...) y factores de estrés (por ejemplo, limitación de nutrientes, cambios de salinidad, desecación...) para intentar incrementar la síntesis de los compuestos de interés. Esto se realizó en cámaras bioclimáticas con condiciones de temperatura y radiación controladas.

2. *Producción de extractos acuosos e hidroalcohólicos y purificación de moléculas diana.*

   Tras secar la biomasa de algas y cianobacterias, se realizaron distintos extractos acuosos e hidroalcohólicos (solventes no tóxicos) para extraer distintos compuestos de interés y ver con cuál de ellos se obtenía un mayor rendimiento, es decir, mayor cantidad de nuestra molécula diana. Tras ello se intentaron aislar o purificar las moléculas mediante cromatografía líquida-líquida, una técnica escalable y que a la larga es más económica y sostenible.

3. *Valoración de las propiedades antioxidantes, inmunoestimulantes y nutritivas de los compuestos bioactivos.*

   Mediante diversos análisis espectrofotométricos y cromatográficos, y ensayos *in vitro* se analizó el potencial de los extractos en relación con la capacidad antioxidante, tóxica, antienvejecimiento, inmunomoduladora o nutritiva.

4. *Encapsulación de los compuestos activos purificados y/o extractos y estudiar* in vitro *su estabilidad y su biodisponibilidad mediante la simulación del sistema gástrico humano.*

Todos estos objetivos científicos tratan de mejorar no solo la eficiencia en la extracción de los compuestos fotoprotectores sino además aplicar procesos más amigables con el medio ambiente. La estrategia combina el uso de reactivos permitidos en las regulaciones de cosmética natural, reducción de los residuos y su valorización. Por ejemplo, tras la extracción de los fotoprotectores, la parte residual se lleva a la producción de polisacáridos, productos también con propiedades cosmecéuticas. Finalmente, se mejora la calidad del producto, la bioseguridad y biodisponiblidad con la encapsulación de estos.

4. RECURSOS E INFRAESTRUCTURAS PARA LA INVESTIGACIÓN

Para esta investigación se utilizaron las infraestructuras del IBYDA obtenidas mediante distintas convocatorias de infraestructuras del Ministerio y proyectos de investigación (tanto nacionales como europeos) (figura 1.3). Entre ellas, podemos destacar:

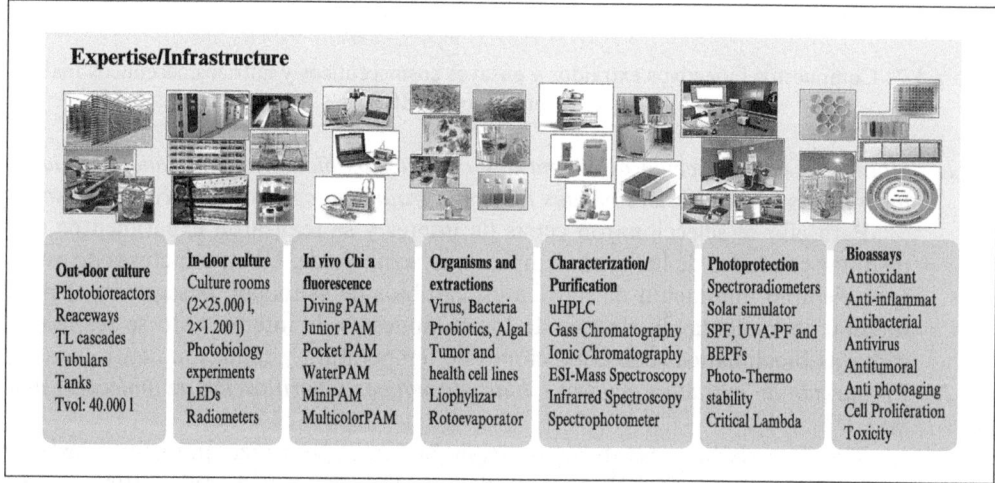

Figura 1.3. Biorreactores y equipamientos del IBYDA utilizados durante las investigaciones.

1. Las cámaras bioclimáticas donde se realizaron los distintos experimentos, en las que se puede regular la temperatura, así como la calidad e intensidad de luz requerida.
2. Los sistemas de cultivo a gran escala que se encuentran en el exterior (200-2.000 l).
3. Equipos capaces de detectar la fluorescencia *in vivo* de la clorofila *a* para medir la capacidad fotosintética de las algas, conocidos como PAM (del inglés *pulse-amplitude modulation*).
4. Espectrofotómetros y cromatografía líquida de alta eficacia (HPLC, del inglés *high performance liquid chromatography*) para realizar los diversos análisis y ensayos, así como detectar las moléculas diana.

© Ediciones Pirámide

5. Equipo de cromatografía líquida-líquida para realizar la purificación de los compuestos. Esto se realizó en colaboración con el doctor José Cheel, investigador del Centro Algaetech en República Checa.

Este equipamiento se ha conseguido en el marco de Proyectos de Investigación del Plan Estatal de Ciencia y en convocatorias específicas de Infraestructura del Ministerio de Ciencia, Innovación y Universidades. El uso de estos aparatos se oferta a toda la comunidad universitaria y empresas interesadas en el campo de la cosmecéutica en el marco de servicios del Instituto de Biotecnología y Desarrollo Azul (IBYDA) de la Universidad de Málaga como el Servicio CEMSAC (Centro de Ecología y Microbiología de Sistemas Acuáticos y el Servicio NUTRICOS (Nutricosmecéutica azul). A su vez, estos servicios se coordinan con los del Servicio Central de Apoyo a la Investigación (SCAI).

5. ALGUNOS RESULTADOS

Se han realizado diversos estudios prospectivos, donde se han identificado especies de macroalgas, cianobacterias y plantas con potenciales aplicaciones en el campo de la nutricosmecéutica, con alta capacidad antioxidante y fotoprotectora[8]. Entre las algas rojas, destacan las especies de *Porphyra lato sensu,* comúnmente conocida como Nori y usada desde hace cientos de años como alimento principalmente en los países asiáticos; actualmente su uso se está extendiendo en otras zonas como Europa. Esta alga normalmente crece en la parte intermareal, es decir, en la parte alta de las rocas costeras, estando muy expuesta a distintos factores de estrés como alta radiación solar, grandes cambios de temperatura y salinidad e incluso llega a secarse por completo durante la marea baja, lo que hace que haya desarrollado mecanismos de protección como sistemas antioxidantes o acumulación de compuestos antioxidantes y fotoprotectores. Entre las cianobacterias podemos destacar especies como *Scytonema* sp. y *Nostoc* sp.[9], y entre estas plantas se encuentra la planta de alta montaña *Baccharis antioquensis*[10].

Se ha determinado la capacidad antienvejecimiento mediante un ensayo anticolagenasa de varias algas rojas, entre las que destacaron las especies de *Porphyra lato sensu,* por lo que podemos decir que contribuyen a prevenir el daño oxidativo del colágeno, una de las causas de fotoenvejecimiento prematuro de la piel. También se han desarrollado cremas fotoprotectoras basadas en extractos de esta misma alga, las cuales en combinación con otros compuestos naturales (por ejemplo, aceites de plantas y óxido zinc o dióxido de titanio) se consiguió que llegaran a factores de fotoprotección solar (SPF, del inglés *sun protection factor*) cercanos a 30, así como factores de fotoprotección frente a otros efectos biológicos como envejecimiento de la piel, fotocarcinogénesis, inmunosupresión, elastosis o daño de ADN.

---

[8] Schneider, G. et al. (2022). *Algal Research, 64,* 102702. https://doi.org/10.1016/j.algal.2022.102702. Vega, J. et al. (2020). *Aquaculture, 522,* 735088. https://doi.org/10.1016/j.aquaculture.2020.735088
[9] Schneider, G. et al. (2020). *Algal Research, 49,* 101956. https://doi.org/10.1016/j.algal.2020.101956
[10] Monsalve-Bustamante, Y. A. et al. (2023). *Plants, 12,* 979. https://doi.org/10.3390/plants12050979

Por otro lado, se ha extraído ficoeritrina del alga roja *Sarcopeltis skotsbergii*, empleando técnicas de ultrapresión y purificación mediante ultrafiltración. La ficoeritrina tiene buenas propiedades antioxidantes y es un compuesto con alta potencialidad nutracéutica, por lo que se encapsuló para su posible uso como suplemento alimenticio, y se hizo un estudio de biodisponibilidad empleando un simulador gástrico humano, observándose que el extracto encapsulado es capaz de llegar al nivel intestinal, donde es absorbido en mejores condiciones que el extracto sin encapsular[11].

Los polisacáridos son otros compuestos con mucha bioactividad, se ha visto su capacidad de inhibir el crecimiento de distintos tipos de líneas celulares tumorales *in vitro* como leucemia, cáncer de colon y melanoma, y sin toxicidad aguda en células sanas humanas[12].

6. TRANSFERENCIAS A LA SOCIEDAD

Este proyecto se enfocó en la generación de conocimiento en torno a los procesos de obtención de biomasa, extracción y purificación de moléculas diana y diseño de prototipos de productos cosméticos naturales que podrían ser transferidos en una fase posterior al sector cosmecéutico empresarial. De hecho, la empresa Cantabria Labs, con el producto «Heliocare» en el mercado, ha mostrado interés en los resultados del proyecto. El proyecto NAZCA está relacionado con retos de seguridad alimentaria, agricultura, ganadería y silvicultura sostenibles, investigación marina, marítima y fluvial y bioeconomía. Además, el proyecto aborda también, en menor medida, otras líneas de actuación: salud, cambio demográfico y bienestar social y la acción por el clima, medio ambiente, eficiencia de recursos y materias primas. NAZCA está enmarcado dentro de las orientaciones de «Bioeconomía dentro del Plan Andaluz de Investigación 2020» y dentro de la «Estrategia de Innovación de Andalucía 2020» (RIS3 Andalucía), el proyecto puede contribuir a los RIS3 número 6, Salud y bienestar social, y número 7, Agroindustria y alimentación saludable. Recientemente, existe un gran interés en los compuestos activos naturales como alternativa a las sustancias sintéticas, ya que, generalmente, carecen de toxicidad y no generan residuos. El mercado de la economía azul, comprendido dentro de la biotecnología marina, en el que se engloba el presente proyecto, generó en el año 2014 176.000 millones de dólares y para el año 2027 se estima, a nivel global, que los productos cosméticos de origen marino pasarán del 13 % al 35 %[13]. Los nutracéuticos de origen marino pasarán del 32 % al 55 % respecto al mercado global[14]. Son cifras de crecimiento muy relevantes que proyectan una gran actividad en este sector para los próximos años. Las aplicaciones surgidas a partir de productos marinos, en concreto a partir de biomasa algal, están sien-

---

[11] Castro-Varela, P. et al. (2022). *Frontiers in Marine Science, 9,* 877177. https://doi.org/10.3389/fmars.2022.877177. Castro-Varela, P. et al. (2024). *Algal Research, 79,* 103473. Castro-Varela, P. et al. (2024). *Algal Research, 79,* 103473. https://doi.org/10.1016/j.algal.2024.103473

[12] Castro-Varela, P. et al. (2023). *Algal Research, 73,* 103160. https://doi.org/10.1016/j.algal.2023.103160

[13] Thiyagarasaiyar, K. et al. (2020). *Op. cit.*

[14] Thiyagarasaiyar, K. et al. (2020). *Op. cit.*

© Ediciones Pirámide

do tan amplias que algunos autores han llegado a denominar a este período de investigación como «The algal revolution»[15]. La biotecnología azul sirve de base a importantes avances en los sectores de la biotecnología médica (biotecnología roja) y de la biotecnología industrial (biotecnología blanca), como el uso de algas para la producción de alimentos funcionales, cosméticos, medicamentos y biocombustibles. El proyecto también incluye el Reto 2: «Bioeconomía: sostenibilidad de los sistemas de producción primaria, seguridad y calidad alimentaria, investigación marina y marítima y bioproductos» del Plan estatal I + D + i y del programa Horizonte 2020. En particular, en relación con las siguientes áreas de interés prioritario:

1. Conservación y gestión integral y sostenible de los sistemas agroecológicos y de los recursos agroforestales, genéticos, hídricos y pesqueros y los efectos del cambio climático y su mitigación.
2. Aumento de la calidad y seguridad de los alimentos y nuevos productos alimenticios incluyendo sistemas de detección de riesgos y fraudes.
3. La investigación marina y la promoción del crecimiento azul.

El desarrollo, a escala mundial, camina de un modelo de economía lineal a uno circular o azul, que dé respuesta a los importantes desafíos económicos y ambientales, presentes y futuros de nuestro planeta. En 2015 la Comisión Europea diseñó su Plan de Acción para la Economía Circular bajo el lema «Cerrar el círculo». El marco estratégico y de actuación para facilitar y promover la transición hacia la economía circular en España es la Estrategia Española de Economía circular, España circular 2030, cuyo objetivo es la implementación de un modelo de desarrollo y crecimiento que permita optimizar la utilización de los recursos, materias y productos disponibles, manteniendo su valor en el conjunto de la economía durante el mayor tiempo posible y en el que se reduzca al mínimo la generación de residuos. El proyecto se enmarca en la prioridad 6 de RIS3 relacionado con la agroindustria y la alimentación saludable y el mar andaluz como fuente de nuevas sustancias y valorización de los recursos marinos, concretamente la línea 62, Alimentación funcional y personal, línea 63, Aprovechamiento de nuevas oportunidades de economía azul y verde, y línea 64, Innovación en procesos y productos de la industria alimentaria.

7. TRANSDISCIPLINARIEDAD

El proyecto NAZCA tiene un marcado carácter transdisciplinar, ya que se produce una gran interacción entre diversas disciplinas de ciencias experimentales, sociales y tecnología, rompiendo barreras y fomentando un conocimiento integrado y aplicado. La investigación sobre biomasa de cianobacterias y macroalgas marinas implica a expertos de química, fotobiología, acuicultura, biotecnología y ecología. La valorización nutracosmecéutica de la biomasa se realiza por equipos multidisciplinares compuestos por biólogos, biotecnólogos, químicos, nutricionistas y dermatólogos. El cultivo de algas, preferentemen-

---

[15] Erwes, P. et al. (2014). *BioMarine Business Convention.* Cascais, Portugal.

te en sistemas multitróficos aprovechando los efluentes de peces como fuente de nutrientes está dirigida por expertos en el campo de la biotecnología y la acuicultura. En este proyecto se aplica el enfoque azul en su doble vertiente: biotecnología y desarrollo azul. El proyecto se enmarca en la biotecnología y acuicultura marina (azul), ya que analiza especies acuáticas, especialmente marinas, recolectadas de un modo sostenible o cultivadas en sistemas multitróficos en los que los peces a través de los efluentes líquidos aportan los nutrientes a las algas, previamente transformados por bacterias nitrificantes. La valorización de residuos como recurso para la producción de biomasa de cianobacterias y algas y de compuestos bioactivos es un enfoque de desarrollo azul tal como lo formuló el economista Gunter Pauli[16], defensor del desarrollo de sistemas productivos que simulen sistemas ecológicos en donde los residuos no existen, ya que circulan en el ecosistema como recurso energético.

8. COLABORACIONES CON EMPRESAS Y ORGANISMOS

En este proyecto se garantiza la biomasa necesaria para el diseño de productos nutricosmecéuticos y posibles escalados futuros combinando el cosechado sostenible de macroalgas muy abundantes, tanto locales como en otras áreas por colaboración internacional (Sudamérica), cultivos de cianobacterias de óptimo crecimiento en colaboración con el Banco español de algas (ULPG), cultivo o cosechado en sistemas multitróficos integrados (IMTA) de algas de esteros y finalmente algas exóticas que están presentes en las aguas del litoral de Cádiz y Málaga a muy altas densidades y que presentan excelentes propiedades cosmecéuticas, como son *Asparagosis armata*[17] y *Rugulopteryx okamurae*[18]. Finalmente, el grupo de trabajo realiza una labor de divulgación sobre la promoción de estilo de vida saludable en relación con la exposición solar, divulgando diversas estrategias de fotoprotección. Para ello colabora con el grupo transdisciplinar «soludable» (https://soludable.hcs.es), que busca mejorar la salud y la calidad de vida de las personas ayudando a potenciar el bienestar físico, metal y emocional, disfrutando de los beneficios del sol, disminuyendo a su vez los riesgos negativos. La investigación y divulgación se hace en el marco potente de la red de colaboración internacional, especialmente con la Universidad Federal de Santa Catarina (Brasil), Universidad de Antioquia (Colombia), Universidad de Concepción (Chile) y Universidad de Playa Ancha (Chile).

PARA SABER MÁS

Abdala-Díaz, R. T., Cabello-Pasini, A., Pérez-Rodríguez, E., Álvarez, R. C. y Figueroa, F. L. (2006). Daily and seasonal variations of optimum quantum yield and phenolic compounds

---

[16] Brodie, J. et al. (2017). *Trends in Plant Science, 22,* 726-738. https://doi.org/10.1016/j.tplants.2017.05.005

[17] Pinteus, S. et al. (2018). *Algal Research, 34,* 217-234. https://doi.org/10.1016/j.algal.2018.06.018

[18] Vega, J. et al. (2020). *Op. cit.*

© Ediciones Pirámide

in *Cystoseira tamariscifolia* (Phaeophyta). *Marine Biology, 148,* 459-465. https://doi.org/10.1007/s00227-005-0102-6

Álvarez-Gómez, F., Bouzon, Z. L., Korbee, N., Celis-Plá, P., Schmidt, E. C. y Figueroa, F. L. (2017). Combined effects of UVR and nutrients on cell ultrastructure, photosynthesis and biochemistry in *Gracilariopsis longissima* (Gracilariales, Rhodophyta). *Algal Research, 26,* 190-202. https://doi.org/10.1016/j.algal.2017.07.022

Castro-Varela, P., Rubilar, M., Martínez-Férez, A., Fuentes-Ríos, D., López-Romero, J. M., Alarcón, C., Abdala-Díaz, R. y Figueroa, F. L. (2024). R-phycoerythrin alginate/shellac beads by external gelation: Process optimization and the effects of gastrointestinal digestion for nutraceutical applications. *Algal Research, 79,* 103473. https://doi.org/10.1016/j.algal.2024.103473

De la Coba, F., Aguilera, J., Figueroa, F. L., De Gálvez, M. V. y Herrera, E. (2009). Antioxidant activity of mycosporine-like amino acids isolated from three red macroalgae and one marine lichen. *Journal of Applied Phycology, 21,* 161-169. https://doi.org/10.1007/s10811-008-9345-1

Figueroa, F. L. (2021). Mycosporine-like amino acids from marine resource. *Marine Drugs, 19,* 18. https://doi.org/10.3390/md19010018

Korbee, N., Huovinen, P., Figueroa, F. L., Aguilera, J. y Karsten, U. (2005). Availability of ammonium influences photosynthesis and the accumulation of mycosporine-like amino acids in two *Porphyra species* (Bangiales, Rhodophyta). *Marine Biology, 146,* 645-654. https://doi.org/10.1007/s00227-004-1484-6

Peinado, N. K., Abdala Díaz, R. T., Figueroa, F. L. y Helbling, E. W. (2004). Ammonium and UV radiation stimulate the accumulation of mycosporine-like amino acids in *Porphyra columbina* (Rhodophyta) from Patagonia, Argentina 1. *Journal of Phycology, 40,* 248-259. https://doi.org/10.1046/j.1529-8817.2004.03013.x

Vega, J., Bárcenas-Pérez, D., Fuentes-Ríos, D., López-Romero, J. M., Hrouzek, P., Figueroa, F. L. y Cheel, J. (2023). Isolation of mycosporine-like amino acids from red macroalgae and a marine lichen by high-performance countercurrent chromatography: A strategy to obtain biological UV-filters. *Marine Drugs, 21,* 357. https://doi.org/10.3390/md21060357

Enlaces de interés

https://soludable.hcs.es
www.ibyda.es

2. Empleo de algas en la alimentación de peces

*Marta Domínguez-Maqueda[1], Isabel M. Cerezo[1],
Eduardo Martínez-Manzanares, Miguel Ángel Moriñigo,
María Carmen Balebona y Jorge García-Márquez*

1. OPTIMIZANDO LA ALIMENTACIÓN EN LA INDUSTRIA ACUÍCOLA

La industria de la acuicultura está experimentando un crecimiento sin precedentes, lo que plantea desafíos importantes en términos de sostenibilidad y seguridad alimentaria.

La alimentación de los peces cultivados está basada en el uso de piensos que contienen harina y aceites de pescado en su formulación. Ambos productos se obtienen a partir de residuos y procesados de otros peces, generando preocupaciones ambientales debido al ciclo poco sostenible que se establece (alimentar peces con otros peces). Por ello, la búsqueda de otras opciones más sostenibles que proporcionen una fuente de proteínas y lípidos para los peces cultivados es una prioridad para la industria acuícola[2].

Una posible alternativa es utilizar cultivos terrestres convencionales, como la soja, el girasol, la colza y el gluten de maíz o trigo. Se sabe que estos cultivos tienen un alto contenido de proteínas y aminoácidos, pero carecen de los ácidos grasos omega-3 propios de los peces. Además, contienen compuestos, conocidos como factores antinutricionales, que dificultan la digestión en los peces.

Para solucionar estos problemas se investigan actualmente alternativas para sustituir los ingredientes convencionales en los piensos para peces[3]. Es importante tener en cuenta que reemplazar la harina de pescado va más allá de simplemente sustituir las proteínas, ya que la harina de pescado contiene una amplia variedad de nutrientes, como aminoáci-

---

[1] Estas dos autoras han contribuido a partes iguales a este trabajo.

[2] Cottrell, R. S., Blanchard, J. L., Halpern, B. S., Metian, M. y Froehlich, H. E. (2020). Global adoption of novel aquaculture feeds could substantially reduce forage fish demand by 2030. *Nature Food, 1,* 301-308.

[3] Turchini, G. M., Trushenski, J. T. y Glencross, B. D. (2019). Thoughts for the future of aquaculture nutrition: Realigning perspectives to reflect contemporary issues related to judicious use of marine resources in aquafeeds. *North American Journal of Aquaculture, 81,* 13-39.

dos, minerales, compuestos bioactivos, entre otros, todos esenciales para los peces. Del mismo modo, el aceite de pescado no solo proporciona lípidos, sino que también es una fuente valiosa de ácidos grasos omega-3, colesterol, vitaminas, carotenoides y otros elementos esenciales. Es por ello, por lo que se deben identificar fuentes alternativas de proteínas y lípidos rentables, pero también aportar todos los demás nutrientes esenciales que estos ingredientes proporcionan.

En resumen, es necesario encontrar fuentes alternativas de proteínas y lípidos que sean rentables y sostenibles, pero también que puedan proporcionar todos los nutrientes esenciales necesarios para una dieta equilibrada de los peces.

1.1. El uso de algas en la alimentación para peces: oportunidades y desafíos

En este contexto, las algas representan una opción interesante como ingredientes alternativos en los piensos para acuicultura. La composición química de algunas especies de algas ha llamado la atención de los investigadores como un recurso valioso, no solo como sustituto de fuentes dietéticas de proteínas o lípidos, sino también como fuente de compuestos bioactivos y funcionales para los piensos acuícolas[4]. En este sentido, el Pacto Verde Europeo reconoce el papel significativo de las algas como fuente de proteínas alternativas para piensos sostenibles[5]. Además, desde un punto de vista nutricional, las microalgas pueden servir como fuente natural de proteínas, lípidos, vitaminas y carotenoides, mientras que las macroalgas son principalmente utilizadas por sus compuestos bioactivos, como pigmentos, polisacáridos, polifenoles y vitaminas.

En términos generales, las microalgas tienen un contenido de proteínas que varía entre el 30 % y el 55 %, y de lípidos entre el 2 % y el 50 %, basándose en materia seca, y un perfil de aminoácidos equilibrado similar al de otros ingredientes comúnmente utilizados en los piensos acuícolas. Por otro lado, las macroalgas pueden tener un contenido proteico que va del 3 % al 47 % en materia seca, mientras que su contenido total de lípidos es relativamente bajo, oscilando entre el 0,2 % y el 4 % en materia seca.

Los ácidos grasos poliinsaturados de cadena larga, como los omega-3, están principalmente presentes en microalgas marinas. Sin embargo, aunque las macroalgas y algunas especies de microalgas pueden carecer de estos ácidos grasos, pueden contener otros como el ácido linoleico y el ácido linolénico, que son esenciales para muchas especies de peces de agua dulce. Todo ello indica que el perfil nutricional y la amplia gama de compuestos nutracéuticos presentes en las algas respaldan su potencialidad como ingrediente principal o funcional en los piensos utilizados en la acuicultura. De hecho, la literatura científica ha revelado una serie de beneficios, en los que se incluyen mejoras en el crecimiento y la

---

[4] Vijayaram, S., Ringø, E., Ghafarifarsani, H., Hoseinifar, S. H., Ahani, S. y Chou, C. C. (2024). Use of algae in aquaculture: A review. *Fishes, 9*, 63.

[5] European Commission (2019). *Communication from the Commission to the European Parliament, the European Council, the Council, the European Economic and Social Committee and the Committee of the regions.* The European Green Deal. 640 final.

© Ediciones Pirámide

utilización de nutrientes, un aumento en la composición corporal y la calidad de la carne, mejoras en la mucosa intestinal, un aumento en la actividad de las enzimas digestivas, el enriquecimiento de la pigmentación de la piel y la carne, el refuerzo del sistema inmunitario, la modulación de la microbiota intestinal, y un aumento en la resistencia y tolerancia al estrés y a infecciones microbianas (figura 2.1).

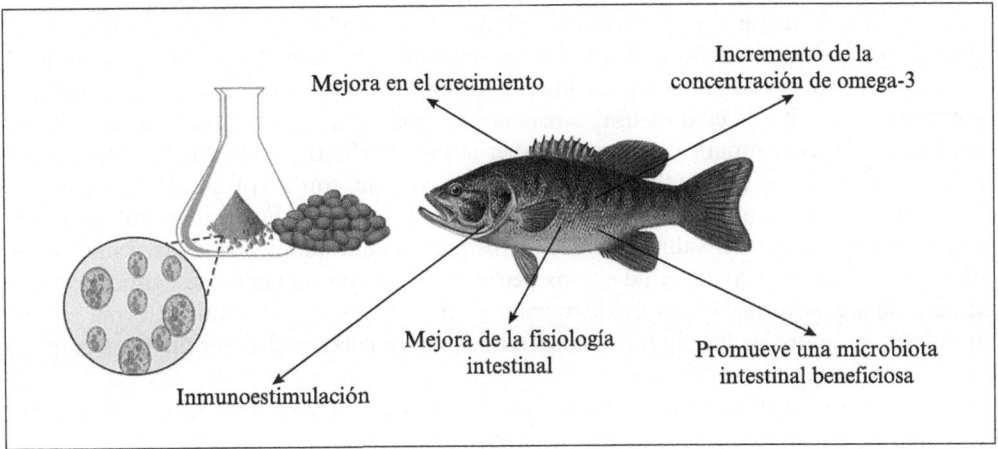

Figura 2.1. Esquema de los efectos de la alimentación de algas en los peces.

El valor nutricional de una determinada especie de alga depende de varios factores, como lo diferente que es su composición química, cómo es de grande y qué forma tiene, y si es fácil de digerir[6]. Esta composición química puede cambiar dependiendo de la especie de alga, cómo se cultiva, cuándo se cosecha y cómo se produce. Por ejemplo, la cantidad de proteínas puede cambiar según la época del año, la temperatura y dónde se cultivan y cosechan las algas. También la proporción de ciertas proteínas puede ser diferente, lo que afecta a los aminoácidos que tienen. Por tanto, desarrollar protocolos para optimizar la composición bioquímica de las algas jugará un papel crucial en los procesos de producción futuros.

Otro problema es que algunas algas tienen factores antinutricionales (inhibidores de proteasas, lectinas, ácido fítico o saponinas), que pueden hacer más difícil para los peces absorber nutrientes como proteínas y vitaminas. Aunque, por lo general, estas sustancias se asocian con alimentos de origen vegetal, recientemente se ha descubierto que algunas algas también las tienen. Por tanto, la inactivación de los factores antinutricionales es un aspecto importante a considerar en el procesamiento de materias primas durante la fabricación de piensos acuícolas.

Los peces deben ser capaces de digerir los alimentos para obtener los nutrientes, es lo que se conoce como biodisponibilidad. Algunas algas tienen paredes celulares rígidas, lo que hace que sea difícil para los peces digerirlas. Esto es especialmente un problema

---

[6] Volkman, J. K. y Brown, M. R. (2006). Nutritional value of microalgae and applications. En D. V. Subba Rao (ed.), *Algal cultures, analogues of blooms and applications* (vol. 1, pp. 407-457). Science Publishers.

para los peces carnívoros con períodos de digestión más cortos[7]. La eficiencia de los animales marinos para digerir las paredes celulares depende de la composición de carbohidratos de las algas y de la presencia de enzimas necesarias para descomponer estas paredes celulares. En este sentido, las especies herbívoras y omnívoras tienen una mayor capacidad enzimática en comparación con los peces carnívoros, lo que debe tenerse en cuenta al formular piensos acuícolas para cada una de ellas.

Con el fin de mejorar la biodisponibilidad de los nutrientes presentes en las algas, se han explorado diversos tipos de tratamientos (enzimáticos, químicos, físicos y mecánicos) para romper esta pared celular y así liberar sus componentes intracelulares. Un método prometedor para hacer esto es usar enzimas para descomponer las algas. Este proceso, llamado hidrólisis enzimática, permite romper la pared celular y liberar los nutrientes que el alga contiene en su interior. Esto es importante, ya que, con esta técnica, los nutrientes dentro de las algas son más fáciles de absorber por los peces, y los pueden utilizar mejor para su crecimiento y su salud. Incluso en pequeñas cantidades, las algas tratadas con enzimas pueden mejorar la salud de los peces de la misma manera que cantidades más grandes de algas sin tratar enzimáticamente. Esto significa que mejorar la forma en que los nutrientes dentro de las algas son absorbidos por los peces podría ser útil para emplear las algas en los piensos acuícolas.

Las algas se llevan cultivando desde hace tiempo con diferentes fines, pero en los últimos años se está investigando el cultivo conjunto de microalgas y bacterias que establecen asociaciones e interacciones cooperativas[8]. El papel multifacético de las bacterias es beneficioso para mejorar la producción de metabolitos de las microalgas. Esto aumenta su valor y suple algunas limitaciones como la presencia de factores antinutricionales o la ausencia de actividades enzimáticas, mejorando la digestibilidad de las algas en el tracto gastrointestinal de los peces. Del mismo modo, estudios recientes han evaluado la capacidad de emplear como sustratos microbianos algas, microalgas y/o cianobacterias, con el objetivo de obtener derivados bióticos con capacidades enzimáticas únicas, entre otras. Sin embargo, los mecanismos detallados de dichas interacciones son bastante limitados actualmente, abriendo un campo más amplio e interesante en la industria alimentaria acuícola.

2. ¿QUÉ IMPORTANCIA TIENE INVESTIGAR EL USO DE ALGAS EN LA ALIMENTACIÓN ACUÍCOLA?

Utilizar algas como alimento en la acuicultura puede reducir la dependencia de ingredientes convencionales, como la harina o el aceite de pescado, que contribuyen a la sobre-

---

[7] Cerri, R., Niccolai, A., Cardinaletti, G., Tulli, F., Mina, F., Daniso, E., Bongiorno, T., Chini Zittelli, G., Biondi, N., Tredici, M. R. y Tibaldi, E. (2021). Chemical composition and apparent digestibility of a panel of dried microalgae and cyanobacteria biomasses in rainbow trout *(Oncorhynchus mykiss)*. *Aquaculture, 544*, 737075.

[8] Tong, C. Y., Honda, K. y Derek, C. J. C. (2023). A review on microalgal-bacterial co-culture: The multifaceted role of beneficial bacteria towards enhancement of microalgal metabolite production. *Environmental Research, 228*, 115872.

explotación de los recursos marinos. Además, el cultivo de algas puede tener un menor impacto ambiental en comparación con la producción de ingredientes convencionales para la alimentación acuícola. Las algas pueden cultivarse en sistemas cerrados o en áreas costeras sin necesidad de tierra fértil, agua dulce o fertilizantes, aunque todavía los costes de producción son muy elevados.

Como ya hemos comentado en este capítulo, las algas son una excelente fuente de nutrientes esenciales para los organismos acuáticos, incluyendo proteínas, lípidos, carbohidratos, vitaminas y minerales. Si bien el uso de productos derivados de algas como materia prima alternativa en alimentos para peces ha recibido la mayor atención, también existe un interés creciente en su uso como aditivos funcionales para alimentos. Utilizado en niveles relativamente bajos (<5%), no solo mejora el crecimiento del animal, sino que también pueden contribuir al bienestar, la salud, la resistencia al estrés o la calidad del producto final. Los compuestos bioactivos de las algas como proteínas, ácidos grasos poliinsaturados, polisacáridos, carotenoides, vitaminas y minerales, compuestos fenólicos, compuestos volátiles y esteroles desempeñan funciones importantes en alimentos funcionales tanto para el pez como para el consumidor.

Por tanto, dado que el efecto que aportan las algas a la alimentación del animal es dependiente, tanto de la dosis como de la especie que lo recibe, se requiere llevar a cabo investigaciones específicas sobre cada cepa de alga y especie de pez en particular, para potenciar sus efectos beneficiosos y mejorar la compresión para su uso comercial en la acuicultura.

3. ESTRATEGIAS DE INVESTIGACIÓN EN EL EMPLEO DE ALGAS EN PIENSOS PARA ACUICULTURA

La línea de investigación y los enfoques metodológicos han ido evolucionando durante las más de dos décadas de experiencia de trabajo del grupo de investigación.

En primer lugar, hay que tener en cuenta qué es lo que queremos comprobar. En este sentido, queremos dar respuesta a los siguientes interrogantes: ¿nuestra dieta experimental formulada con alga(s) mejora el crecimiento de los peces?, ¿mejora la composición del músculo?, ¿va a proteger de manera eficaz frente a una posible infección? Conocer el enfoque de nuestro trabajo es lo que va a determinar qué especie(s) de alga(s) vamos a utilizar y su porcentaje de inclusión.

Después, dependiendo de la especie objetivo, tendremos que pensar el porcentaje de inclusión de la dieta. Si se trata de un pez omnívoro o herbívoro, debemos explorar qué parece más idóneo: ¿una sustitución completa de la harina o aceite de pescado por harina de alga? o ¿realizar una sustitución intermedia o alta (10-25%)? Por ejemplo, no es lo mismo incluir la microalga *Chlorella* sp. (40% de proteína y 6% de lípidos) que *Schizochytrium* sp. (12,5% de proteína y 40% de lípidos). Si trabajamos con peces de interés comercial, pero cuya dieta es carnívora, el uso de algas en altas cantidades podría producir efectos contraindicados, por lo que se probará la inclusión de diferentes especies de algas como ingredientes funcionales (añadidas al pienso en un porcentaje inferior al 5%).

Como se ha mencionado también previamente, otro aspecto a tener en cuenta es la digestibilidad del alga que queramos incluir. En el caso de que queramos emplear un alga que tenga una pared celular rígida como, por ejemplo, podría ser la microalga *Chlorella* sp., tenemos a nuestro alcance técnicas físicas para romper su pared (como puede ser la hidrólisis) o el cocultivo con microorganismos con capacidades digestivas. De esta manera, podemos aumentar la biodisponibilidad de sus nutrientes intracelulares.

En función de todas estas preguntas y respuestas, una vez recogida la biomasa algal y preparado el pienso para su consumo, se lleva a cabo un ensayo de alimentación, donde el animal recibe el pienso durante un período indicado de tiempo con la alimentación elegida. Finalmente, tras las medidas fisiológicas y posterior recogida de muestras, el grupo de investigación ha puesto a punto técnicas de análisis molecular, así como herramientas y flujos bioinformáticos, cuya integración permite conocer la respuesta del pez frente a la alimentación con algas.

4. ¿QUÉ SE NECESITA PARA ESTUDIAR LA INCORPORACIÓN DE ALGAS A LA ALIMENTACIÓN ACUÍCOLA?

En esta investigación se requiere una combinación de recursos, habilidades y colaboraciones para llevar a cabo un trabajo de manera efectiva. En primer lugar, es necesario el acceso a instalaciones adecuadas para el cultivo y estudio de algas, lo que incluye laboratorios especializados, tanques de cultivo y equipos de análisis. Además, contar con un equipo multidisciplinar de científicos es fundamental. Esto abarca expertos en biología marina, química, ingeniería de alimentos, nutrición animal y microbiología, entre otros campos.

También es crucial considerar la fabricación de los piensos acuícolas en el contexto de esta investigación. Para ello necesitamos acceso a instalaciones de producción de piensos adecuadas, donde poder formular y fabricar los piensos con las algas. Además, se requiere experiencia en formulación de piensos y tecnología de procesamiento para garantizar que los piensos resultantes sean nutricionalmente equilibrados y de alta calidad.

Finalmente, para evaluar el impacto de las algas en la dieta de los peces es imprescindible disponer de poblaciones de peces para llevar a cabo estudios de alimentación, seguimiento del crecimiento y salud de los peces alimentados con diferentes formulaciones de piensos. Esto precisa de personal cualificado para llevar a cabo los ensayos anteriormente mencionados, así como para analizar los resultados derivados de los mismos, su discusión y su escala a nivel biotecnológico e industrial.

5. RESULTADOS Y EXPERIENCIA ADQUIRIDA DEL GRUPO DE INVESTIGACIÓN

Durante los más de 20 años de trayectoria del grupo de investigación se han evaluado distintas especies de microalgas (*Nannochloropsis gaditana*, *Tetraselmis chuii*, *Chlorella*

© Ediciones Pirámide

fusca, etc.) y macroalgas (*Hydropuntia cornea* o *Ulva ohnoi,* entre otras) en diversas especies de peces, tanto de alto (especímenes de dorada o lenguado) como de bajo valor trófico (especímenes de lisas). Estas investigaciones han variado desde el empleo de algas como sustitutivo completo de harinas o aceites de pescado, como en porcentajes menores (10-25 %), o incluso aditivos funcionales (<5 %), permitiendo evaluar desde diferentes enfoques el efecto de la inclusión de algas en la dieta de peces cultivados.

En general, los resultados obtenidos en los distintos experimentos realizados han mostrado efectos beneficiosos en el crecimiento, fisiología o respuesta metabólica de los peces. Además, se observaron mejoras en la microbiota, en la respuesta inmune y la tolerancia al estrés, así como en la defensa frente a patógenos piscícolas. Sin embargo, estudios más recientes han explorado la posibilidad de reemplazar parcial o totalmente los piensos acuícolas con algas, microalgas y/o cianobacterias, solas o en conjunto, permitiendo evaluar otros parámetros relativos al coste de cultivo y la posterior composición del pienso.

Esta experiencia ha permitido el desarrollo de nuevas líneas de investigación en las que proponemos el uso de algas como sustrato para hacer crecer microorganismos beneficiosos, que nos permitan conseguir productos derivados que tengan capacidad de mejorar la digestibilidad, asimilación de nutrientes y salud de los peces cultivados.

6. ¿POR QUÉ LLEVAMOS A CABO ESTA INVESTIGACIÓN?

Nuestra investigación sobre el uso de algas en piensos acuícolas tiene una variedad de utilidades y contribuciones significativas que pueden beneficiar, tanto al desarrollo de la acuicultura, como a la sociedad en general. En primer lugar, esta investigación tiene el potencial de impulsar el desarrollo de prácticas acuícolas más sostenibles y respetuosas con el medio ambiente. Al proporcionar una alternativa viable a los piensos convencionales basados en fuentes marinas limitadas, como la harina y el aceite de pescado, podemos reducir la presión sobre los recursos naturales y contribuir a la conservación de las poblaciones de peces salvajes.

Además, al ofrecer productos acuícolas más saludables y nutritivos, nuestra investigación puede contribuir a la seguridad alimentaria y la nutrición. Al incorporar algas en la dieta de los peces, podemos mejorar la calidad nutricional de los productos acuícolas finales, obteniendo beneficios no solo para la salud y el bienestar del animal, sino también para los consumidores.

Nuestra investigación tiene también un papel relevante en la promoción de la innovación y el desarrollo tecnológico en el sector acuícola. Al explorar nuevas formas de utilizar las algas en la alimentación de los peces, podemos abrir nuevas oportunidades para la investigación y el desarrollo en áreas como la biotecnología, la ingeniería de alimentos y la producción de piensos. Esto no solo puede impulsar la competitividad y el crecimiento económico en la industria acuícola, sino también fomentar la colaboración entre diferentes sectores y disciplinas.

7. ¿QUÉ OTROS EXPERTOS PODRÍAN AMPLIAR EL CONOCIMIENTO DE NUESTRA INVESTIGACIÓN?

El estudio y la formulación de dietas funcionales basadas en algas en acuicultura requiere de una multidisciplinariedad en el ámbito científico. El apoyo de profesionales de la ecología en este campo es clave, ya que existen muchas especies de algas que aún no han sido probadas en alimentación para peces y que podrían tener un gran potencial. Inicialmente, se debe realizar una primera evaluación *in vitro* de la composición nutricional de las algas, lo que requiere la participación de personas del campo de la botánica, la ecología o la fisiología vegetal. Además, se han de llevar a cabo estudios para evaluar el riesgo de efectos sobre el sistema inmune o de una posible toxicidad por parte de las algas, requiriendo la colaboración de personas del campo de la microbiología, la inmunología, la bioquímica, la biología molecular o la nutrición animal. Esta colaboración entre personas expertas permitiría mejorar la precisión de las nuevas formulaciones de piensos, lo que conduciría a resultados más efectivos, sostenibles y económicamente viables para beneficiar tanto al sector empresarial como al acuicultor.

8. COLABORACIONES EN EL MARCO DE LA INVESTIGACIÓN

En el desarrollo de nuestra investigación sobre el uso de algas en piensos acuícolas colaboramos con una variedad de entidades, empresas y organismos para enriquecer nuestro trabajo y maximizar su impacto. Actualmente mantenemos colaboraciones con instituciones académicas y centros de investigación centrados en el estudio de la acuicultura y biotecnología, que nos brindan acceso a conocimientos especializados y recursos técnicos. Además, colaboramos estrechamente con empresas productoras de piensos y de cultivo de algas para garantizar la relevancia y aplicabilidad práctica de nuestra investigación.

En la trayectoria del grupo de investigación hemos obtenido financiación para distintos proyectos presentados en convocatorias a nivel nacional y autonómico. Estas iniciativas buscan fomentar la investigación científica y tecnológica en el campo de la acuicultura sostenible y la biotecnología marina. A través de estas propuestas hemos buscado establecer nuevas asociaciones y fortalecer nuestras colaboraciones existentes, así como obtener recursos adicionales para llevar a cabo investigaciones innovadoras y de alto impacto en el campo de los piensos acuícolas basados en algas.

Por último, y no menos importante, estamos abiertos a establecer nuevas colaboraciones con otras entidades, empresas u organismos que puedan complementar y enriquecer nuestra investigación.

PARA SABER MÁS

Cerezo, I. M., Fumanal, M., Tapia-Paniagua, S. T., Bautista, R., Anguís, V., Fernández-Díaz, C., Alarcón, F. J., Moriñigo, M. Á. y Balebona, M. C. (2022). *Solea senegalensis* Bacterial Intestinal Microbiota Is Affected By Low Dietary Inclusion Of *Ulva ohnoi*. *Frontiers in Microbiology, 12,* 801744.

© Ediciones Pirámide

Domínguez-Maqueda, M., García-Márquez, J., Tapia-Paniagua, S. T., González-Fernández, C., Cuesta, A., Espinosa-Ruiz, C., Ángeles Esteban, M., Alarcón, F. J., Balebona, M. C. y Moriñigo, M. Á. (2023). Evaluation of the differential postbiotic potential of *Shewanella putrefaciens* Pdp11 cultured in several growing conditions. *Marine Biotechnology, 1,* 1-18.

García-Márquez, J., Rico, R. M., Acién, F. G., Mancera, J. M., Figueroa, F. L., Vizcaíno, A. J., Alarcón, F. J., Moriñigo, M. Á. y Abdala-Díaz, R. T. (2023). Dietary effects of a short-term administration of microalgae blend on growth performance, tissue fatty acids, and predominant intestinal microbiota in *Sparus aurata*. *Microorganisms, 11,* 463.

Empleo de algas en la alimentación de peces

3

El desafío de las enfermedades en la acuicultura: avanzando en la investigación y desarrollo de vacunas

Juan Gémez-Mata, Alejandro-Manuel Labella,
Juan José Borrego, Dolores Castro y Rocío Leiva-Rebollo

1. ACUICULTURA RESILIENTE: PROTECCIÓN ANTE LAS ENFERMEDADES VIRALES

Las enfermedades infecciosas son una preocupación importante en la acuicultura, ya que pueden causar grandes pérdidas económicas y obstaculizar el desarrollo eficiente de la industria acuícola. Entre las enfermedades más comunes que afectan a este sector se encuentran las bacterianas, víricas, parasitarias y fúngicas. Sin embargo, son las enfermedades virales las que representan la mayor amenaza debido a varios factores: en primer lugar, el control de las enfermedades virales en la acuicultura es difícil, debido a la alta susceptibilidad de los animales acuáticos en etapas tempranas del desarrollo a los agentes víricos[1]. Además, existe una limitación de las medidas terapéuticas disponibles, dificultando el control de los brotes epizoóticos una vez que ocurren. A su vez, el conocimiento sobre la patogénesis de las infecciones virales en los animales acuáticos aún es insuficiente, lo que dificulta la implementación de medidas preventivas efectivas. También existe un conocimiento limitado de los mecanismos de resistencia natural y de la inmunología de los animales frente a este tipo de infecciones. Por todas estas razones, los virus son considerados los principales agentes patógenos que afectan negativamente al sector de la acuicultura. En general, para que una infección viral tenga éxito se requiere una combinación de tres factores: la virulencia del virus, la susceptibilidad del hospedador y las condiciones ambientales. Por tanto, mejorar la resistencia a las enfermedades infecciosas en los animales acuáticos resulta prioritario en el avance de la acuicultura. Es requisito indispensable comprender cómo funciona la interacción patógeno-hospedador durante un período infeccioso, lo que implica profundizar en los procesos patológicos y en la respuesta inmune del propio hospedador. Es importante destacar que la intensificación de la acuicultura y el aumento en las densidades poblacionales de los animales pueden inducir situaciones de estrés en los individuos, lo que

---

[1] Kibenge, F. S. (2019). Emerging viruses in aquaculture. *Current Opinion in Virology, 34,* 97-103. https://doi.org/10.1016/j.coviro.2018.12.008

se traduce en episodios de inmunosupresión. Esto aumenta la susceptibilidad a microorganismos patógenos oportunistas, ya que los peces tendrán mermada su capacidad para hacer frente a las infecciones. Para prevenir y/o controlar las enfermedades víricas en acuicultura se están implementando diversas medidas. Estas incluyen el desarrollo de medidas profilácticas como las vacunas, el empleo de estrategias de control para evitar la entrada de virus en el sistema de producción y/o su eliminación, y la mejora de las prácticas de cultivo. Esta última estrategia se centra principalmente en los avances en las condiciones nutricionales, reducir el estrés asociado a la alta densidad poblacional y facilitar el manejo de los animales.

En la actualidad, el cultivo intensivo de peces sigue siendo uno de los sectores de producción de alimentos de origen animal con mayor crecimiento a nivel mundial. De hecho, el crecimiento se está produciendo a un ritmo superior al de la población humana, lo que convierte a la acuicultura en un complemento y sustituto para la pesca extractiva. En la acuicultura de nuestro país hay dos especies de gran relevancia económica que serán el objeto de estudio en las investigaciones descritas en este capítulo: dorada *(Sparus aurata)* y lenguado *(Solea senegalensis)*. Estas especies encabezan la lista de producción pesquera en el litoral mediterráneo y en Galicia, respectivamente. Dentro de las enfermedades víricas con mayores prevalencias, tanto en el cultivo de doradas como de lenguados, destaca la enfermedad de linfocistis (LCD), producida por el virus de linfocistis (LCDV), que pertenece a la familia *Iridoviridae*. Este virus presenta un material genético constituido por una doble cadena de ADN, y de las cuatro especies descritas, la especie LCDV-3, también conocida por LCDV-Sa, es la de mayor interés para la acuicultura española. La sintomatología que caracteriza a esta enfermedad es la aparición de pequeños nódulos blanquecinos por toda la superficie corporal y aleta del pez. Aunque esta enfermedad no destaca por producir elevados episodios de mortalidad, sí ocasiona malformaciones en los individuos afectados, lo que impide su comercialización y provoca pérdidas económicas para el sector acuícola. Otra enfermedad viral de gran relevancia en la acuicultura es la necrosis nerviosa viral (VNN), causada por el virus de la necrosis nerviosa (NNV). Esta enfermedad puede provocar episodios de mortalidad del 100% en las poblaciones afectadas. La VNN se caracteriza por afectar al sistema nervioso de los peces, generando daños en el tejido nervioso. Los peces afectados pueden mostrar síntomas como pérdida del equilibrio, natación errática, coordinación deficiente, etc. El NNV pertenece a la familia *Nodaviridae* y su material genético está compuesto por dos fragmentos de ARN de cadena simple que permiten diferenciar las cuatro especies de NNV reseñadas. Además, se han descrito casos de infecciones concomitantes de dos especies víricas en peces, lo que ha generado la aparición de nuevos aislados recombinantes[2] resultantes de la combinación de los segmentos genómicos de los virus infectivos. En el caso de la dorada y el lenguado, se han identificado aislados recombinantes entre las especies RGNNV y SJNNV, los cuales causan una enfermedad más severa. Además, estos aislados recombinantes se caracterizan por acumular mutaciones que los hacen más virulentos, aumentando así la tasa de mortalidad en estas especies.

El avance en nuevas medidas de prevención, como las vacunas, está ganando cada vez más importancia en la acuicultura. En ocasiones, se pueden presentar situaciones de in-

---

[2] Recombinante: organismo que tiene un genoma producto de una recombinación. La recombinación genética es un proceso según el cual una hebra de material genético (usualmente ADN, pero también puede ser ARN) se corta y luego se une a una molécula de material genético diferente.

© Ediciones Pirámide

fecciones persistentes donde el nivel de carga viral está por debajo del límite detectable de las técnicas de detección aplicadas. Estas situaciones pueden suponer una importante amenaza para la población piscícola, escapando a las medidas de control y generando brotes de enfermedad. Por tanto, es crucial investigar en el desarrollo de medidas preventivas más eficientes. Las vacunas empleadas en el sector acuícola se pueden dividir en dos grandes grupos: las denominadas replicativas y las no replicativas. Las vacunas replicativas incluyen la vacunación con virus vivos y vacunas ADN, las cuales permiten la replicación del virus o de algún componente antigénico del virus en el hospedador, pero con la virulencia modificada para reducir la posibilidad de producir enfermedad. Por otro lado, las vacunas no replicativas, como las inactivadas, de péptidos y de subunidades, introducen algún componente inmunogénico viral en el hospedador. El desarrollo de vacunas eficaces y de última generación requiere una cuidadosa consideración de diversos factores, como la identificación de antígenos vacunales adecuados, el tipo de vacuna y el protocolo de administración. Resulta crucial conocer profundamente la respuesta inmunitaria de los peces para orientar la selección de las vías de respuesta inmunitaria y los genes determinantes claves asociados a la inhibición o eliminación del virus. Esta comprensión ayudará a desarrollar vacunas más efectivas y a proteger mejor la salud de los peces en la acuicultura[3].

Como bien se conoce, el sistema inmune desempeña un papel fundamental en la protección del hospedador contra patógenos capaces de causar enfermedades. Para lograr esto, es crucial que el sistema inmune innato y el adaptativo se coordinen eficazmente para hacer frente a estas amenazas. Es importante mencionar que la respuesta inmune innata es la primera línea de defensa, basada en la información inmune con la que el individuo nace, mientras que la adaptativa refleja la experiencia inmune vivida por parte de cada individuo a lo largo de la vida. A pesar de las diferencias entre especies, se ha observado que los mecanismos generales de acción del sistema inmune en peces y mamíferos son bastantes similares. Los peces, particularmente vulnerables a las infecciones virales, se enfrentan a un gran riesgo debido a que las branquias son una de las principales vías de entrada para los virus. Aunque existen numerosas familias de virus que afectan a los peces, la gravedad de la enfermedad, el impacto económico y las tasas de mortalidad pueden variar significativamente entre las diferentes especies víricas. A pesar de que los mecanismos que rigen la respuesta inmune en los peces han sido en gran medida desconocidos, en las últimas décadas un creciente número de estudios se han dedicado a investigar cómo los peces responden a diversas infecciones microbianas y a los procesos de vacunación. En este contexto, los análisis transcriptómicos[4], que estudian los mensajes genéticos presentes en las células o tejidos en un momento determinado, están ganando popularidad. Estos estudios proporcionan información valiosa sobre las complejidades de las respuestas inmunitarias en diferentes especies de peces, lo que facilita la identificación de posibles dianas terapéuticas para el desarrollo de vacunas.

En términos generales, el flujo de trabajo de las investigaciones centradas en el desarrollo de medidas profilácticas se iniciaría con el diseño y desarrollo del tipo de vacuna a

---

[3] Du, Y., Hu, X., Miao, L. y Chen, J. (2022). Current status and development prospects of aquatic vaccines. *Frontiers in Immunology, 13,* 1040336. https://doi.org/10.3389/fimmu.2022.1040336

[4] La transcriptómica es el estudio de los perfiles de expresión génica: evaluación simultánea de los niveles de expresión de múltiples genes en un tejido determinado en un momento concreto.

ensayar. Luego, se llevaría a cabo la administración y optimización de estas vacunas en los peces. Finalmente, se realizaría el estudio para evaluar la protección conferida por la vacuna. Esto implicaría analizar los genes relacionados con la respuesta inmune del hospedador para comprender mejor cómo la vacuna afecta a la interacción entre el sistema inmune del pez y el virus. Este enfoque holístico permite, no solo evaluar la eficacia de la vacuna, sino también comprender los mecanismos subyacentes de la respuesta inmune y cómo estos contribuyen a la protección contra la enfermedad (figura 3.1).

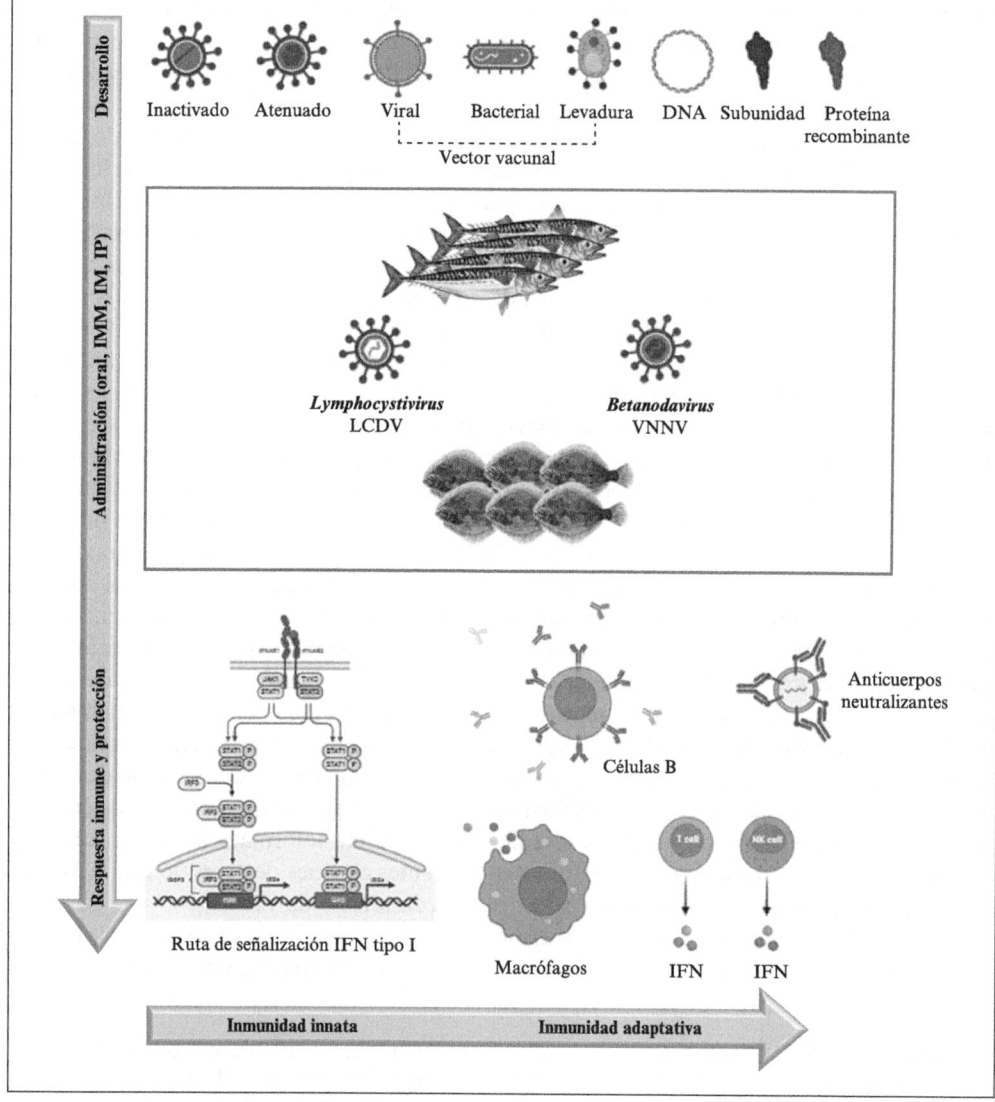

Figura 3.1. Flujo de trabajo empleado para el desarrollo de vacunas.

© Ediciones Pirámide

2. IMPORTANCIA Y TRASCENDENCIA DE NUESTRA INVESTIGACIÓN

En las últimas décadas el crecimiento de la industria global de la acuicultura ha sido posible por la mejora de los métodos de detección de virus en este sector. Dado que la mayoría de estos virus causan importantes pérdidas económicas, es crucial implementar las medidas de prevención y control efectivas. Por ejemplo, hoy en día no existen vacunas comerciales disponibles que protejan contra infecciones por los distintos aislados recombinantes que afectan al lenguado senegalés. Además, en el caso que se refiere a la enfermedad de linfocistivirus que afecta a la península ibérica (LCDV-3), tampoco existen tratamientos eficaces para su control. Esta situación, junto con la presencia de peces portadores del virus asintomático, resalta la importancia de establecer medidas preventivas de control y utilizar vacunas como métodos profilácticos. A pesar de las medidas higiénico-sanitarias que se llevan a cabo en las instalaciones de las piscifactorías, como la desinfección con productos químicos comercializados y el uso de procedimientos físicos como la luz ultravioleta o la ozonización, estas no son suficientemente efectivas para limitar la entrada de patógenos víricos en las instalaciones[5]. Es por todo esto, que las vacunas son cada vez más el «as de la baraja», planteándose como alternativa a los tratamientos químicos o físicos en la lucha contra las enfermedades de origen vírico. Con las vacunas se pretende mejorar los mecanismos inmunológicos de los peces, proporcionándoles una protección específica y a largo plazo contra determinados patógenos. Es fundamental desarrollar y promover métodos de producción que minimicen o reemplacen el uso de antimicrobianos y otros compuestos químicos, los cuales pueden tener efectos negativos a largo plazo en la salud humana, la población piscícola y la homeostasis ambiental. Por ello, es crítico elaborar una práctica sostenible de la acuicultura, siendo la vacunación un método rentable y sustentable para el control de enfermedades en la acuicultura marina, contribuyendo así a la sostenibilidad a largo plazo de este sector.

En este capítulo exploraremos tres líneas de investigación distintas, todas centradas en un mismo tema: el desarrollo de vacunas frente a virus que afectan a peces. La primera línea de investigación se centra en el desarrollo de una vacuna ADN administrada a doradas cultivadas, con el fin de protegerlas contra el virus de la enfermedad de linfocistis. La segunda línea de investigación se enfoca en el desarrollo de una vacuna inactivada (BEI) de nodavirus, empleando el aislado recombinante SpSsIAusc160.03, para su aplicabilidad en el lenguado frente a infecciones por este virus. Por último, la tercera línea de investigación está centrada en el desarrollo de otra vacuna ADN dirigida contra un nodavirus recombinante, con el objetivo de aplicarla tanto en lenguado como en dorada.

3. TRAYECTORIA DE NUESTRAS INVESTIGACIONES

Para llevar a cabo las diferentes líneas de investigación, todas deben partir del mismo punto: el desarrollo de la vacuna, ya sea ADN o inactivada. En esta etapa inicial es

---

[5] Assefa, A. y Abunna, F. (2018). Maintenance of fish health in aquaculture: Review of epidemiological approaches for prevention and control of infectious disease of fish. *Veterinary Medicine International, 26,* 5432497. https://doi.org/10.1155/2018/5432497

fundamental determinar cuál será la proteína viral más inmunogénica, es decir, aquella que sea capaz de inducir con mayor magnitud en el sistema inmune del pez para generar protección. En algunos casos se pueden introducir agentes adyuvantes, como en el caso de la vacuna ADN contra el nodavirus recombinante de lenguado y dorada. La función del adyuvante será ayudar a potenciar o modular la respuesta inmune de la vacuna, y esto ocurre cuando la vacuna por sí sola con la proteína viral no es capaz de generar una fuerte respuesta inmune para proteger al individuo frente a posteriores infecciones virales. La vacuna ADN consiste en un plásmido que contiene la información para producir en las células un componente no virulento del virus, como una proteína que no inducirá infección y posterior enfermedad. Esto permite que el sistema inmune del individuo la reconozca como extraña y comience a prepararse para luchar contra ella. Por otro lado, la vacuna inactivada representa una «versión tranquila y dormida del virus». El virus es sometido a tratamientos físicos o químicos mermando su capacidad para replicarse y por lo cual no producirá infección y enfermedad, pero sí permitirá al sistema inmune reconocerlo y activar las alarmas para empezar a formar una respuesta defensiva. Una vez obtenidas las vacunas, el siguiente paso es su optimización. Esto implica ajustar la vía de administración y las concentraciones óptimas de las mismas. Estas concentraciones deben ser suficientes para generar una respuesta inmune protectora sin llegar a ser excesiva y perjudicial para el hospedador. Este paso de optimización es crucial para garantizar la eficacia y seguridad de las vacunas en la protección de los individuos contra las infecciones virales. El siguiente paso implica llevar a cabo el experimento *in vivo* a gran escala en instalaciones debidamente equipadas y preparadas, como las disponibles en el IBYDA, para llevar a término los experimentos. Se forman diferentes grupos, todos con el mismo número de peces, para establecer todas las condiciones experimentales deseadas para el estudio. Es importante siempre incluir un grupo control que permanecerá sin alteraciones y servirá como referencia para estandarizar los resultados. Inicialmente se administra la vacuna a todos los grupos experimentales y se mantendrán un mes para que la vacuna active la respuesta inmune del hospedador. Luego se infectan los peces experimentalmente con el virus a estudiar (LCDV o NNV). Una vez realizada la infección, se determinan los días adecuados para analizar el poder protector de la vacuna, observando la activación de la respuesta inmune e inhibición de la infección viral, analizando para ello tanto genes virales como del sistema inmune. Con este fin, los animales son sacrificados siguiendo las pautas establecidas por el comité de ética para minimizar el sufrimiento animal y, posteriormente, se extraen los órganos de interés para el estudio. Las muestras se procesan utilizando diferentes métodos, dependiendo de los aspectos que se desean estudiar para su posterior análisis y tratamiento de resultados. En el caso de nuestras investigaciones, se realizan extracciones del ARN para analizar la expresión de los genes víricos y del sistema inmune que nos interesan. Para analizar los datos de manera eficiente utilizaremos una herramienta llamada OpenArray, que es un soporte físico (chip) que facilita el análisis de datos genéticos a gran escala. Esto nos permite estudiar cómo se activan o desactivan los genes en diferentes condiciones y en diferentes tipos de tejidos. Esta herramienta nos ayuda a procesar los datos de manera eficiente y descubrir patrones y asociaciones que pueden ser claves para comprender el proceso biológico de la infección.

© Ediciones Pirámide

4. EL PILAR DE LA INVESTIGACIÓN: LAS HERRAMIENTAS DE TRABAJO

En todo proyecto científico es fundamental contar con una serie de requisitos y recursos que sienten las bases para la ejecución de los experimentos. Nuestras líneas de investigación comparten una serie de «herramientas» esenciales que abarcan desde personal especializado hasta plataforma de análisis de datos. Concretamente, para poder llevar a cabo dichas líneas experimentales se requieren instalaciones adecuadas que nos permitan desarrollar los experimentos bajo condiciones controladas durante períodos prolongados. Esto incluye instalaciones de cuarentena, donde los peces pueden aclimatarse y reducir el estrés antes de su uso en los experimentos. Además, se necesitan instalaciones libres de patógenos equipadas con todos los recursos necesarios (tanques, filtros, calentadores, aireadores, etc.) para mantener circuitos cerrados y evitar la contaminación cruzada entre condiciones experimentales. El personal investigador desempeña un papel fundamental en la administración de la vacuna, infección viral, extracción de los órganos y posterior análisis de los datos. Sin embargo, el personal técnico de las instalaciones también juega un papel crucial al monitorear y controlar continuamente las condiciones fisicoquímicas de los tanques para garantizar un entorno óptimo para los peces y llevar un registro preciso de cualquier incidencia que pueda afectar al transcurso del experimento. Otro aspecto de gran relevancia en estas investigaciones es el coste económico y la logística para conseguir el número adecuado y tamaño correcto de los peces, lo cual cada vez supone un factor limitante mayor para realizar los proyectos de investigación. Es por ello, por lo que el uso del pez cebra (animal modelo) está ganando aceptación debido a su bajo coste de mantenimiento, tamaño, eficiencia reproductiva y facilidad de manejo, lo que lo convierte en una opción atractiva para realizar experimentos a gran escala de manera rentable. Por otro lado, es indispensable disponer de un *stock* viral purificado con el volumen y título adecuados para llevar a cabo las infecciones experimentales después de la vacunación. Además, a partir del virus seleccionado se puede realizar la amplificación de la proteína o secuencia génica que emplearemos en el desarrollo de la vacuna DNA o su inactivación para la obtención de la vacuna inactivada (BEI). Finalmente, se requiere la tecnología OpenArray, que se basa en PCR en tiempo real, para analizar una gran cantidad de genes relacionados con la respuesta inmune del hospedador en las muestras de estudio. Todos estos elementos constituyen un flujo de trabajo para el correcto desarrollo y ejecución exitosa de las investigaciones en este campo.

5. DESCUBRIMIENTOS Y REFLEXIONES: LAS CONCLUSIONES DE NUESTRAS INVESTIGACIONES

En la línea de investigación sobre el desarrollo de una vacuna ADN contra el LCDV en doradas cultivadas hemos observado una notable reducción en la replicación del virus en peces previamente vacunados. Este efecto se atribuye a la activación anticipada, inducida por la vacuna, de marcadores específicos de la respuesta inmune. Estos marcadores actúan como defensas que interfieren en la infección viral en los órganos diana del virus. En cuanto a la administración de la vacuna inactivada (BEI) y vacuna ADN en dorada y lenguado frente a NNV, hemos constatado una inducción de la respuesta inmune en los peces vacunados. Esta respuesta inmune prepara a los peces para una acción más rápida y eficaz frente a la infección viral, en comparación con los peces de control que no recibieron la vacuna previamente.

En resumen, los resultados destacan la importancia de comprender cómo es la respuesta inmune para el desarrollo efectivo de vacunas en la acuicultura. Las vacunas desempeñan un papel al proteger a los peces contra las infecciones virales, lo que contribuye a mantener la salud de estos y la sostenibilidad de la industria acuícola. Al reducir la mortalidad y aumentar la protección, las vacunas ayudan a garantizar la salud y el bienestar de los peces, así como el crecimiento continuo de la industria.

6. RESPUESTA INMUNE Y VACUNAS: EXPLORANDO SUS BENEFICIOS Y APLICACIONES

Estas investigaciones nos proporcionan dos importantes aplicaciones que destacan por su utilidad. En primer lugar, revelan la necesidad de comprender el funcionamiento del sistema inmune de peces. Este conocimiento nos permite identificar los componentes claves que los patógenos víricos utilizan para evadir la respuesta inmune y establecer su infección. Con toda esta información podremos seleccionar dianas que serán determinantes en la inhibición de la replicación viral y que, por consiguiente, podrán ser utilizadas como *piezas claves de ajedrez que nos permitan realizar un jaque mate* a estas enfermedades víricas. En segundo lugar, estas investigaciones subrayan la aplicabilidad práctica de las vacunas desarrolladas en el ámbito de la acuicultura. La implementación de estas medidas preventivas no solo ayuda a garantizar un cultivo más saludable y rentable, sino que también contribuye a la preservación del medio ambiente, al reducir la necesidad de tratamientos químicos y antibióticos para prevenir enfermedades secundarias. Además, al proteger a los peces de enfermedades, las vacunas pueden ayudar a prevenir la propagación de los patógenos en las poblaciones salvajes, fortaleciendo así la salud general de los ecosistemas acuáticos. En resumidas cuentas, el uso de las vacunas en acuicultura no solo mejorará la productividad y rentabilidad del cultivo, sino que también promoverá prácticas más sostenibles, beneficiando así tanto a los productores, consumidores, como al propio medio ambiente.

7. AMPLIANDO HORIZONTES EN LA INVESTIGACIÓN

En el mundo de la ciencia, la colaboración con investigadores de otras disciplinas es como *abrir una ventana a un mundo de posibilidades*. Estas alianzas interdisciplinarias permiten que ideas nuevas y enfoques innovadores se fusionen, generando así soluciones más efectivas y completas. Al trabajar con personas que presentan diferentes perspectivas y ha-

© Ediciones Pirámide

bilidades, ampliamos así nuestro impacto, haciendo que nuestro trabajo sea más relevante y significativo para la sociedad. Es por ello que en nuestras líneas de investigación sería un engranaje principal establecer colaboraciones con personal investigador en bioinformática. Su ayuda resultaría crucial para estudiar en profundidad las complejas relaciones génicas que se activan durante el proceso de vacunación y/o infección. Esto nos permitirá generar mapas conceptuales detallados de las rutas de activación, facilitando nuestra compresión del ciclo viral y permitiéndonos identificar puntos críticos para su interrupción. Además, sería beneficioso colaborar con personas especializadas en el campo de la histopatología, quienes podrían diagnosticar el daño provocado por la infección y evaluar a su vez la protección conferida por la vacuna en tejidos específicos de interés. Asimismo, se realizará un análisis de secuenciación masiva (Illumina) a partir de ADN total bacteriano permitiéndonos identificar los microorganismos presentes en el tracto digestivo y analizar el efecto de la vacunación en la microbiota[6]. Estas colaboraciones nos brindarían la oportunidad de avanzar de una manera más rápida, robusta y significativa en las diferentes líneas de investigación.

8. EL BINOMIO PERFECTO: CIENCIA Y EMPRESA

Para que un proyecto de investigación avance es esencial no solo contar con colaboraciones entre diferentes disciplinas científicas, sino también con la participación activa de empresas. Cuando se combinan el conocimiento científico y la experiencia empresarial, se traducen los avances científicos en soluciones prácticas que benefician a la sociedad, impulsando así el progreso económico y social. Las investigaciones presentadas en este capítulo se llevaron a cabo en el IBYDA, un centro de referencia andaluz para investigaciones en medio acuático. Se utilizaron las instalaciones acuícolas en el Centro Experimental Grice Hutchinson de la Universidad de Málaga y contamos con el apoyo de su personal técnico. Además, realizamos algunos ensayos experimentales en las instalaciones de la Fundación Centro Tecnológico de Acuicultura de Andalucía (CTAQUA). Colaboramos con varias empresas, como Predomar, S. L., en Almería, CUPIMAR, en Puerto de Santa María (Cádiz), Centro Oceanográfico de Murcia (COMU-IEO) para el suministro de los peces necesarios para llevar a cabo los experimentos con especímenes de doradas y AQUA-TEC para los de lenguado. También colaboramos con la Universidad de Córdoba (Servicio Central de Apoyo a la Investigación, Unidad de Genómica), para la realización de los análisis de OpenArray. En cuanto a futuras perspectivas, se planea colaborar con las empresas LifeBioencapsulation, S. L., y DMC Research Center, quienes se encargarán de vehiculizar las vacunas para su administración oral y formular un pienso suplementado con inmunoestimulantes, respectivamente. Estas colaboraciones nos permitirán seguir avanzando en nuestras investigaciones y llevar a cabo proyectos innovadores que beneficien a la acuicultura, al medio ambiente y a la sociedad.

---

[6] Microbiota: es el conjunto de bacterias que colonizan la piel, el aparato digestivo, incluida la boca, y el aparato genital. Por ejemplo, la microbiota intestinal previene la colonización por otros microorganismos patógenos, ayuda a digerir los alimentos, produce vitaminas B y K que el organismo humano no es capaz de sintetizar y, además, estimula al sistema inmune.

PARA SABER MÁS

Leiva-Rebollo, R., Castro, D., Moreno, P., Borrego, J. J. y Labella, A. M. (2021). Evaluation of gilthead sea-bream *(Sparus aurata)* immune response after LCDV-Sa DNA vaccination. *Animals, 11,* 1613. https://doi.org/10.3390/ani11061613

Leiva-Rebollo, R., Gémez-Mata, J., Castro, D., Borrego, J. J. y Labella A. M. (2023). Immune response of DNA vaccinated-gilthead seabream *(Sparus aurata)* against LCDV-Sa infection: relevance of the inflammatory process. *Frontiers in Immunology, 14,* 1209936. https://doi.org/10.3389/fimmu.2023.1209926

Valero, Y., Olveira, J. G., López-Vázquez, C., Dopazo, C. P. y Bandín, I. (2021). BEI inactivated vaccine induces innate and adaptive responses and elicits partial protection upon reassortant betanodavirus infection in Senegalese sole. *Vaccines, 9,* 458. https://doi.org/10.3390%2Fvaccines9050458

© Ediciones Pirámide

4 Superalimentos: los grandes aliados de los peces cultivados

*Patricia Moreno, Esther García-Rosado, M. Carmen Alonso,
Julia Béjar y Daniel Álvarez-Torres*

1. ¿POR QUÉ UTILIZAR SUPERALIMENTOS EN EL CULTIVO DE PECES?

En las últimas décadas el crecimiento exponencial de la población mundial ejerce una gran presión sobre los recursos naturales, especialmente debido al incremento en la demanda de alimentos que esto supone. La acuicultura, o el cultivo en condiciones controladas de organismos acuáticos, como peces, crustáceos o moluscos, se ha convertido en una solución atractiva para satisfacer la demanda mundial de proteína animal, convirtiéndose en una actividad industrial con un crecimiento en auge, siendo especialmente destacable el avance de esta actividad en nuestro país.

El desarrollo del cultivo de peces, como industria intensiva, necesita de un planteamiento amplio que busque un equilibrio entre la economía y la biología, ya que la actividad acuícola sin control es insostenible, y genera un impacto tanto en los individuos cultivados como en el medio acuático en el que se desarrolla.

Las condiciones de cría intensiva que maximizan el binomio producción-beneficios suponen estabular una elevada cantidad de individuos en espacios muy reducidos, lo que provoca situaciones de estrés continuado. También favorece la aparición de enfermedades infecciosas, debido al intercambio de microorganismos patógenos entre el medio ambiente y las instalaciones de acuicultura, así como entre los diferentes ejemplares cultivados. Uno de los problemas más importantes a los que se enfrenta el sector es la aparición de una enfermedad infecciosa, bacteriana o vírica, porque es capaz de diezmar en cuestión de días la producción de una planta de cultivo, generando mortalidades de hasta el 100 %.

En el caso concreto de las enfermedades bacterianas, a la problemática que supone la aparición de un brote de enfermedad en una instalación de cultivo, hay que sumar las consecuencias negativas derivadas del uso desmedido de antibióticos, tratamiento habitual frente a este tipo de microorganismos. Un porcentaje muy elevado de los antibióticos con-

© Ediciones Pirámide

tenidos en los piensos medicinales no es ingerido por los peces porque los ejemplares enfermos tienen menos apetito, y los antibióticos acaban diseminados en el entorno, lo que favorece la aparición de bacterias resistentes en el medio acuático.

Las enfermedades víricas son casi igual de frecuentes, y tienen especial relevancia, ya que provocan altas mortalidades y pueden inducir infecciones persistentes y otras que no presentan síntomas, denominadas asintomáticas. Además, hay que tener en cuenta la gran limitación que presentan los métodos de diagnóstico y la falta de tratamientos antivirales efectivos (en el mercado hay muy pocas vacunas permitidas frente a los distintos virus de peces). Por ello, la lucha frente a las infecciones víricas es un enorme reto en las granjas acuícolas.

Desde el punto de vista del medio ambiente, las granjas acuícolas no solo contribuyen al desarrollo de resistencia a los antibióticos, sino que también están facilitando el intercambio de microorganismos entre poblaciones de peces cultivados y silvestres, lo que puede facilitar la propagación de los patógenos. Además, la industria de la acuicultura está contribuyendo, en gran medida, al agotamiento de las poblaciones de peces al seguir dependiendo de las harinas y aceites de pescado como ingredientes principales en la fabricación de piensos. Según la Organización de las Naciones Unidas para la Alimentación y la Agricultura (FAO), la cantidad de peces capturados en la naturaleza utilizados para producir harina y aceites de pescado en 2018 fue de 18 millones de toneladas, lo que representa aproximadamente una quinta parte de la pesca total.

En este escenario, una de las principales preocupaciones de la industria es conseguir un desarrollo lo más sostenible posible, buscando fuentes alimentarias alternativas que puedan derivar en piensos eficaces, que mejoren el bienestar animal y minimicen la aparición de enfermedades. En este sentido, son numerosos los grupos de investigación, entre ellos varios pertenecientes al Instituto Andaluz de Biotecnología y Desarrollo Azul (IBYDA), implicados en el estudio de componentes alimentarios alternativos (sustitutorios de la harina y el aceite de pescado), o en el desarrollo de alimentos funcionales o *superalimentos*. Estos *superalimentos* se pueden definir como componentes alimentarios con un valor nutricional alto en comparación con otros alimentos del mismo tipo, que afectan a funciones concretas del organismo de manera específica y positiva.

Respecto a la lucha frente a los patógenos en acuicultura, el desarrollo de *superalimentos* está adquiriendo una gran relevancia, ya que se ha demostrado que pueden actuar mejorando el sistema inmune de los animales (inmunomoduladores). Por tanto, se están incorporando a los piensos como aditivos funcionales para prevenir la aparición de enfermedades en los peces cultivados, lo que mejora la resistencia de los animales a las infecciones.

Nuestro grupo de investigación, denominado *Patologías de Especies Acuícolas Cultivadas* (Grupo PAIDI RNM-112), junto a otros grupos de investigación del IBYDA, como el de *Fotobiología y Biotecnología de Organismos Acuáticos* (PAIDI RNM-295), han llevado a cabo numerosos ensayos de laboratorio con el objetivo de comprender cómo influyen distintos compuestos de origen natural en la salud de peces cultivados. Estos compuestos se han propuesto como alimentos funcionales o *superalimentos*, analizándose su capacidad inmunoestimuladora y la protección que confieren frente a las infecciones causadas por virus y bacterias problemáticos en la acuicultura.

© Ediciones Pirámide

2. LOS VIRUS Y EL CULTIVO INTENSIVO DE PECES

Como hemos mencionado previamente, el cultivo intensivo consiste en criar un elevado número de individuos en espacios reducidos. Esto favorece la transmisión de agentes infecciosos por contacto directo y aumenta la virulencia de los patógenos en el hospedador, debido a que existe una alta tasa de propagación microbiana. Por otra parte, la alta densidad de individuos provoca un estrés en los peces que afecta a su sistema inmune, disminuyendo su capacidad de respuesta a las infecciones. Además, los cambios en las condiciones de temperatura, pH, salinidad o nivel de oxígeno, así como la calidad de la alimentación y la manipulación continuada en las granjas, tienen un efecto negativo sobre el bienestar y el estado sanitario general de las poblaciones en cultivo. Esta situación puede acabar llevando al cultivo hacia el desastre en el caso de la aparición de un agente patógeno.

Entre las enfermedades más preocupantes que afectan a la acuicultura, las enfermedades de origen vírico son probablemente las más destructivas. Son mucho más difíciles de controlar que las de origen bacteriano, debido a que:

a) Afectan a los ejemplares en estadios de desarrollo muy temprano.
b) Generan elevadas mortalidades.
c) Son capaces de producir infecciones asintomáticas y perpetuarse en el tiempo en las instalaciones.
d) La aparición de dos virus que pueden infectar al mismo animal generando infecciones duales.

Además, hay pocos tratamientos o medidas profilácticas comerciales disponibles en el mercado. Adicionalmente, algunos virus, como los virus con genoma ARN, tienen tasas de mutación de su genoma muy elevadas, lo que genera poblaciones víricas con una gran capacidad de adaptación.

En relación con las medidas profilácticas disponibles hoy en día, se han estudiado diferentes estrategias vacunales frente a distintos virus de peces: vacunas vivas atenuadas, vacunas inactivadas, vacunas de proteínas recombinantes, vacunas *virus-like* (partículas víricas «vacías», sin genoma) o vacunas ADN, y, aunque muchas han dado resultados prometedores, muy pocas han logrado llegar al mercado, lo que evidencia la necesidad de buscar estrategias alternativas.

Los virus de peces más preocupantes por su efecto devastador cuando aparecen en las instalaciones de acuicultura pertenecen a las familias *Nodaviridae, Birnaviridae, Rhabdoviridae, Iridoviridae* y *Orthomyxoviridae,* destacando el virus de la necrosis nerviosa y el virus de la septicemia hemorrágica viral. Son virus que afectan a muchas especies, tanto de agua dulce como de agua salada, y representan un auténtico problema en el caso del cultivo de la lubina, dorada, rodaballo, lenguado, fletán o salmón atlántico. El impacto de estos virus a nivel económico, social y de salud pública es tan destacado que la Organización Mundial de Sanidad Animal (OMSA) los ha incluido en su lista de enfermedades que deben ser notificadas a los organismos públicos encargados de velar por la seguridad sanitaria relativa a los animales acuáticos, siendo su detección de obligada comunicación a la OMSA.

El virus de la necrosis nerviosa (VNN) es el agente que provoca la necrosis nerviosa viral o encefalopatía y retinopatía vírica (VER), una neuropatología que afecta sobre todo a larvas y juveniles de lubina, lenguado y dorada. Es un virus con genoma ARN, y su multiplicación genera lesiones en el cerebro y la retina de los peces, dando lugar a signos clínicos muy característicos: natación errática con movimientos en espiral o bucles, y con descansos panza arriba, hinchazón de la vejiga natatoria, pigmentación de la piel, anorexia, etc. El virus puede transmitirse entre individuos dentro del mismo tanque (transmisión horizontal) o de padres a hijos (transmisión vertical).

El virus de la septicemia hemorrágica viral (VHSV) es un virus con genoma ARN que provoca la enfermedad de la septicemia hemorrágica viral. Los síntomas son: letargo, oscurecimiento de la piel, exoftalmia, anemia (palidez en las branquias), hemorragias en la base de las aletas, ojos e incluso la piel, natación errática y abdomen hinchado. En la fase más avanzada de la enfermedad se alcanza una mortalidad de hasta el 100 % en alevines y entre el 30-70 % en adultos.

3. SUPERALIMENTOS PARA MEJORAR EL CULTIVO DE PECES

Los *superalimentos* se han convertido en una herramienta esencial en la producción sostenible de productos del mar, mejorando la salud y el rendimiento de los organismos acuáticos cultivados. Los alimentos funcionales, o *superalimentos,* tienen un valor nutricional excepcionalmente alto en comparación con otros alimentos del mismo tipo, proporcionando una protección añadida en la lucha contra distintas enfermedades, destacando las de origen infeccioso. En acuicultura, estas sustancias juegan un papel relevante en la formulación de dietas equilibradas, que satisfagan las necesidades nutricionales específicas de los organismos acuáticos en diferentes etapas del desarrollo. Desde vitaminas y minerales, hasta ácidos grasos omega-3 y proteínas de alta calidad, los *superalimentos* proporcionan una amplia gama de nutrientes esenciales que promueven el crecimiento, la salud y la resistencia a las enfermedades en peces y otros organismos acuáticos. Dentro de los *superalimentos,* podemos destacar compuestos procedentes de fuentes naturales, como las algas o microalgas, pequeños crustáceos, bacterias beneficiosas, y componentes provenientes de plantas.

Los proyectos de investigación que se realizan en el campo de los *superalimentos* van encaminados a la mejora de la formulación de piensos en acuicultura, de forma que produzcan un efecto positivo en la protección frente a enfermedades infecciosas. En concreto, los esfuerzos se orientan a la búsqueda de propiedades inmunoestimulantes de los *superalimentos,* que contribuyan a mejorar el estado inmunológico general del organismo, fortaleciendo los mecanismos de defensa no específicos y paliando los efectos inmunosupresores del estrés, para así reducir las pérdidas provocadas por enfermedades infecciosas.

Las algas y microalgas constituyen una interesante fuente de ingredientes alternativos para la elaboración de piensos en acuicultura. La composición química de algunas algas y microalgas ha atraído la atención de los investigadores, no solo como una fuente de proteína y/o grasas en la dieta, sino también como un aditivo potencial para proporcionar

© Ediciones Pirámide

sustancias bioactivas e inmunoestimulantes. Los aspectos biológicos y técnicos de la producción de algas deben optimizarse para mejorar el rendimiento, lo que requiere el uso de sistemas más eficientes, además de realizar investigaciones específicas sobre la compatibilidad entre especies.

Algunos pequeños crustáceos también se han propuesto como *superalimentos*. La alimentación de los peces en etapas muy tempranas de su desarrollo se basa en el consumo de pequeños crustáceos. En concreto, el crustáceo tradicionalmente empleado en las instalaciones de cultivo es la *Artemia salina*. Nuestros esfuerzos van encaminados a evaluar el uso alternativo de dos especies de pequeños crustáceos: *Caprella scaura* (familia *Caprelliidae*) y *Gammarum insensibilis* (familia *Gammaridae*). Ambas especies tienen propiedades nutritivas muy interesantes, ya que contienen niveles altos de ácidos grasos omega-3 y proteínas. Además, en investigaciones llevadas a cabo en el IBYDA se está demostrando su potencial como inmunoestimulantes y su capacidad antiviral.

Las plantas constituyen una fuente interesante para la búsqueda de compuestos que puedan ser *superalimentos* debido a que contienen una gran cantidad de metabolitos secundarios con propiedades antiinflamatorias, antioxidantes y de protección frente a infecciones, entre otras funciones medicinales. En el IBYDA estamos trabajando con compuestos bioactivos obtenidos del ajo y la cebolla, los cuales contienen sustancias con propiedades beneficiosas que pueden usarse como *superalimentos* en peces, como el propil propano tiosulfinato (PTS) y el propil propano tiosulfonato (PTSO), compuestos organosulfurados con múltiples propiedades que pueden contribuir a reducir el riesgo de enfermedades en peces cultivados. Uno de los objetivos de las investigaciones realizadas en el IBYDA es profundizar en las propiedades antibacterianas y antivíricas de estos compuestos, así como evaluar su posible aplicación en el cultivo de peces.

Por último, una herramienta profiláctica que tiene propiedades muy beneficiosas, tanto en vertebrados superiores como en peces, es el uso de bacterias beneficiosas o probióticos. Los probióticos se pueden definir como microorganismos vivos que, al consumirlos en cantidades adecuadas, proporcionan beneficios en el crecimiento y la salud del hospedador. El uso de probióticos en el cultivo de peces está bastante extendido, pero al tratarse de organismos vivos, suscita preocupaciones entre los productores desde el punto de vista de la bioseguridad y el almacenamiento. Por esta razón, en los últimos años el interés en probióticos no vivos, pero que mantengan las propiedades beneficiosas, está en auge. Dentro de este grupo encontramos los paraprobióticos (organismos inactivados, intactos o rotos y sus extractos celulares crudos) y los postbióticos (productos metabólicos secretados por probióticos), aunque generalmente se engloban ambos términos como postbióticos. Los grupos de investigación del IBYDA tienen una amplia experiencia en la investigación con probióticos como *superalimentos* en peces, siendo *Shewanella putrefaciens* Pdp11 (SpPdp11) un probiótico aislado, caracterizado y patentado por miembros del IBYDA. Este probiótico fue aislado de la piel de doradas sanas, y se han demostrado sus efectos positivos a nivel metabólico, nutricional, sobre el crecimiento, la respuesta al estrés y su papel inmunomodulador y antibacteriano, tanto en dorada como en lenguado. Actualmente hay una línea de investigación en el IBYDA que profundiza en el uso de SpPdp11 como postbiótico en acuicultura, estudiando su capacidad para conferir protección frente a la infección por el virus de la necrosis nerviosa.

4. ESTRATEGIAS PARA EL ESTUDIO DE SUPERALIMENTOS FRENTE A INFECCIONES VÍRICAS

El desarrollo de *superalimentos* para acuicultura requiere de una combinación entre investigación científica, desarrollo de productos y estrategias de mercado. No es una tarea fácil. Primero es necesario buscar ingredientes naturales ricos en nutrientes y/o que tengan efectos beneficiosos sobre la salud de los peces, siendo sostenibles y respetuosos con el medio ambiente. Una vez identificados los posibles compuestos, se analiza su capacidad de estimular el sistema inmune y de proteger frente a virus, realizando estudios *in vitro*. Por último, se produce el pienso suplementado y se evalúa el *superalimento,* estudiando si beneficia el crecimiento de los animales, su bienestar y su capacidad de proteger frente a infecciones por virus en instalaciones acuícolas controladas, como el Centro de Ecología y Microbiología de Sistemas Acuáticos Controlados CEMSAC, perteneciente al IBYDA (experimentos *in vivo*).

En los estudios *in vitro* se utilizan células de peces cultivadas en el laboratorio en condiciones controladas. Esta aproximación es muy útil, ya que nos proporciona información rápida y reproducible sobre el potencial de un compuesto como *superalimento,* evitando el sacrificio de animales. Utilizando células de peces podemos ensayar compuestos y observar si estimulan o no genes del sistema inmune. Además, podemos infectar las células con virus junto con el compuesto a evaluar y determinar si el compuesto interfiere con la multiplicación vírica (midiendo la cantidad de genoma del virus que se produce) o con la liberación de partículas víricas al medio de cultivo de las células.

En los estudios *in vivo* se utilizan animales, que se mantienen en instalaciones en las que las condiciones de calidad del agua, temperatura, ciclos de luz-oscuridad y alimentación están estrictamente controladas. Los peces son alimentados con los *superalimentos* incluidos en piensos, analizándose parámetros como la ganancia de peso, la talla, la microbiota intestinal, el sistema inmune, etc. Tras este período de alimentación, los peces se infectan con virus, estudiándose la aparición de la enfermedad (síntomas y mortalidad) y sus posibilidades de recuperación. También se analiza la multiplicación del virus en los tejidos del animal y la respuesta del sistema inmune del hospedador. Estos ensayos se realizan según las directrices de la Unión Europea para el manejo de animales de laboratorio (Directiva 2010/63/UE) y la normativa española (Real Decreto 53/2013) con el fin de minimizar el sufrimiento de los peces.

5. POTENCIAL DE MICROALGAS, CRUSTÁCEOS, BACTERIAS Y PLANTAS COMO SUPERALIMENTOS EN EL CULTIVO DE PECES

5.1. Microalgas como superalimentos en peces cultivados

En el IBYDA se han evaluado distintos polisacáridos de microalgas como *superalimentos.* La primera aproximación consistió en el uso de técnicas *in vitro* para evaluar la activi-

© Ediciones Pirámide

dad antiviral de exopolisacáridos extraídos de microalgas frente al virus VHSV, un patógeno muy importante que afecta a peces cultivados[1] (véase apartado 2). En este estudio se trataron células de peces con exopolisacáridos (carbohidratos que se encuentran localizados en la superficie exterior de la célula) obtenidos de dos especies de microalgas: *Tetraselmis suecica* y *Porphyridium cruentum*. Las células tratadas con estos compuestos resistieron mejor la infección vírica, observándose reducción de la multiplicación vírica, siendo los extractos de *T. suecica* los que dieron mejor resultado. Estos resultados tan prometedores allanan el camino para utilizar estos polisacáridos como *superalimentos* para combatir la enfermedad provocada por VHSV, y animan a evaluar la actividad antiviral de extractos de microalgas contra otros patógenos virales relevantes para la industria acuícola.

También se han realizado ensayos *in vivo* para evaluar el uso de microalgas como *superalimentos,* usando piensos que contenían la microalga *Chlorella fusca*, obteniendo resultados muy buenos sobre el crecimiento, la microbiota intestinal, la respuesta al estrés, el metabolismo y el sistema inmune de lisas. Este trabajo se presenta con mayor profundidad en el capítulo 6 de este libro.

5.2. Uso de pequeños crustáceos como superalimentos

El número de estudios sobre el uso de pequeños crustáceos como *superalimento* para peces es aún muy escaso. Sin embargo, se ha comprobado que la incorporación de gammarideos y caprélidos en las dietas de los peces puede mejorar su resistencia a enfermedades y su rendimiento. En lo relativo a este tema, el grupo de investigación RNM-112, perteneciente al IBYDA, en colaboración con el investigador José Guerra de la Universidad de Sevilla, está evaluando la capacidad inmunoestimulante de los crustáceos *G. insensibilis* y *C. scaura* en células de peces. Los datos iniciales[2] demostraron que estos crustáceos no son tóxicos para las células porque mostraron un posible efecto potenciador sobre el crecimiento celular y activaron el sistema inmune innato (primera línea de defensa contra enfermedades víricas) en células de peces. Además, *G. insensibilis* parece tener actividad antiviral frente a VHSV, interfiriendo en la multiplicación viral. Todos estos resultados iniciales nos llevan a proponer a estos pequeños crustáceos como *superalimentos* en acuicultura.

5.3. Bacterias beneficiosas como superalimentos

Los estudios relacionados con el uso de bacterias beneficiosas como suplementos alimentarios se centran en la evaluación de extractos de la bacteria probiótica SpPdp11 ob-

---

[1] Parra-Riofrío, G., Moreno, P., García-Rosado, E., Alonso, M. C., Uribe-Tapia, E., Abdala-Díaz, R. T. y Béjar, J. (2023). *Tetraselmis suecica* and *Porphyridium cruentum* exopolysaccharides show anti-VHSV activity on RTG-2 cells. *Aquaculture International, 31,* 3145-3157.

[2] Ravina, C., Álvarez-Torres, D., Guerra-García, J. M., Alonso, M. C., Béjar, J. y García-Rosado, E. (2023). Marine Amphipods stimulate the interferon I system in fish cell line. *European Congress of Marine Biotechnology.* Málaga, España.

tenidos por sonicación (proceso por el que la célula bacteriana se rompe mediante ultrasonidos, liberándose todo su contenido al medio).

Los estudios *in vitro* se realizaron poniendo en contacto el extracto de la bacteria con células de peces, demostrándose que dichos extractos no son tóxicos para las células de peces ni alteran el crecimiento celular, es decir, no tienen efectos negativos. Además, estos extractos regulan la expresión de genes del sistema inmune de la célula, activando, sobre todo, genes del sistema inmune innato. Estos estudios se completaron con ensayos de actividad antiviral, en los que células expuestas y no expuestas a los extractos bacterianos se infectaron con el virus VNN, demostrándose que la presencia continua del extracto sobre las células inhibe la multiplicación del virus.

El éxito en los estudios *in vitro* nos llevó a realizar experimentos *in vivo*, en los que alimentamos juveniles de lubina durante un mes con piensos suplementados con el extracto. Observamos que dicha alimentación no alteró el crecimiento de los animales y que frenó el desarrollo de la enfermedad en lubinas, infectadas experimentalmente con el virus. En concreto, el 82 % de los animales alimentados con el extracto sobrevivió a la infección, frente al 64 % de supervivencia de los animales control, por lo que la suplementación de los piensos con extractos de SpPdp11 es una línea muy novedosa y prometedora en la que queremos seguir invirtiendo esfuerzos y cuyos resultados se han publicado en una revista de ámbito internacional y de gran impacto[3].

5.4. Superalimentos obtenidos de plantas

En el IBYDA se están evaluando los compuestos PTS y PTSO, derivados de plantas aliáceas, como la cebolla o el ajo, como posibles *superalimentos* con propiedades antivirales. Los ensayos *in vitro* muestran que ambos compuestos son inocuos para el crecimiento celular. En cuanto a su actividad antiviral (evaluada frente al virus VNN), hemos evidenciado que, mientras el PTSO no protege a las células frente a la infección, el PTS promueve una mayor supervivencia celular si permanece en contacto con las células, detectándose una menor liberación de partículas víricas al medio. Además, el PTS es capaz de alterar la expresión de genes del sistema inmune innato. Por tanto, este compuesto, aunque aún en estudio, presenta un interesante potencial en lo que se refiere a su uso como superalimento frente a infecciones víricas en acuicultura.

Estos compuestos se han evaluado también con relación a su posible actividad antibacteriana, demostrándose que ambos inhiben de forma clara el crecimiento de un amplio rango de bacterias patógenas para peces. Todo ello ha llevado al diseño de un nuevo proyecto dentro del IBYDA, que cuenta actualmente con financiación, y cuya finalidad es comprobar *in vivo* la eficacia de un pienso suplementado con PTS y/o PTSO. Los resultados obtenidos se han publicado en varios trabajos fin de Grado dirigidos por miembros

---

[3] Moreno, P., Álvarez-Torres, D., Balebona, M. C., Domínguez-Maqueda, M., Moriñigo, M. Á., Béjar, J., Alonso, M. C. y García-Rosado, E. (2023). Inhibition of nervous necrosis virus replication by *Shewanella putrefaciens* Pdp11 extract. *Aquaculture, 575,* 739812.

© Ediciones Pirámide

del IBYDA[4]. Estos forman parte de una línea de investigación abierta sobre el desarrollo de piensos para peces suplementados con estos compuestos.

6. EL AVANCE EN SUPERALIMENTOS: INNOVACIÓN Y SOSTENIBILIDAD EN LA ACUICULTURA

Los *superalimentos* desempeñan un papel muy importante en acuicultura al proporcionar nutrientes esenciales que promueven el crecimiento y la salud de los organismos acuáticos. Se utilizan para diseñar piensos suplementados que hacen que los organismos acuáticos crezcan más y mejor, a la vez que son más resistentes al estrés del cultivo intensivo y a las infecciones. Hay un interés creciente en la identificación de nuevos *superalimentos* que puedan ser incorporados a los piensos; es más, es necesario buscar las posibles sinergias entre los distintos *superalimentos* de forma que se optimice el diseño de los piensos. Por tanto, el potencial de esta línea de investigación es enorme.

A través de la innovación en este campo, la acuicultura puede convertirse en una fuente vital de proteína animal para una población mundial en crecimiento, al tiempo que es una actividad sostenible al proteger los recursos naturales y preservar los ecosistemas marinos.

7. INVESTIGACIÓN DE LOS SUPERALIMENTOS: UN CAMPO DE ESTUDIO MULTIDISPLINAR EN EXPANSIÓN

El desarrollo de *superalimentos* en acuicultura es un tema multidisciplinar, que aúna el trabajo y esfuerzo de investigadoras e investigadores de las áreas de ecología marina, biología celular y molecular, microbiología, genética, botánica, zoología, biotecnología, química, etc., cuyo trabajo resulta esencial para poder seguir ampliando el conocimiento que actualmente tenemos sobre el uso de *superalimentos* en la acuicultura.

8. TEJIENDO ALIANZAS PARA EL PROGRESO DE LA INVESTIGACIÓN DE SUPERALIMENTOS EN ACUICULTURA

Existen numerosas empresas y entidades, tanto públicas como privadas, interesadas en la investigación aplicada sobre *superalimentos* para el cultivo de peces. Entre estas instituciones, nuestro grupo colabora con las siguientes:

---

[4] Moreno, P., Baños-Arjona, A., Alonso, M. C., García-Rosado, E. y Béjar, J. (2023). Actividad inmunomoduladora y antiviral del propil propano tiosulfinato, un compuesto derivado de la cebolla, frente a betanodavirus. *XVIII Congreso Nacional de Acuicultura*. Cádiz, España.

Instituto Español de Oceanografía (CSIC-IEO); Centro Tecnológico de Acuicultura de Andalucía (CTAQUA); la fundación CEIMAR, a la que pertenece la Universidad de Málaga (UMA); investigadores en el ámbito de los *superalimentos,* como José Guerra, de la Universidad de Sevilla, Javier Alarcón, de la Universidad de Almería; o la Asociación de Empresarios de Piscifactorías de Andalucía. Además de otras empresas, como: Algaetech Innovation, Almería (biotecnología de algas); Algayield, Málaga (cultivo y aprovechamiento de cianobacterias y microalgas); Apromar, Cádiz (acuicultura y comercialización de productos marinos); Bedson, Málaga (aditivos alimentarios); Caviar Riofrío, S. L. (producción acuícola); DOMCA (productos y tecnologías agroalimentarias); iMARE Natural, S. L. (acuicultura multitrófica) y Life Bioencapsulation, Almería (alimentación con algas), entre otras.

PARA SABER MÁS

Moreno, P., Álvarez-Torres, D., Balebona, M. C., Domínguez-Maqueda, M., Moriñigo, M. Á., Béjar, J., Alonso, M. C. y García-Rosado, E. (2023). Inhibition of nervous necrosis virus replication by *Shewanella putrefaciens* Pdp11 extract. *Aquaculture, 575,* 739812.

Moreno, P., Baños-Arjona, A., Alonso, M. C., García-Rosado, E. y Béjar, J. (2023). Actividad inmunomoduladora y antiviral del propil propano tiosulfinato, un compuesto derivado de la cebolla, frente a betanodavirus. *XVIII Congreso Nacional de Acuicultura.* Cádiz, España.

Parra-Riofrío, G., Moreno, P., García-Rosado, E., Alonso, M. C., Uribe-Tapia, E., Abdala-Díaz, R. T. y Béjar, J. (2023). *Tetraselmis suecica* and *Porphyridium cruentum* exopolysaccharides show anti-VHSV activity on RTG-2 cells. *Aquaculture International, 31,* 3145-3157.

Ravina, C., Álvarez-Torres, D., Guerra-García, J. M., Alonso, M. C., Béjar, J. y García-Rosado, E. (2023). Marine amphipods stimulate the interferon I system in fish cell line. *European Congress of Marine Biotechnology.* Málaga, España.

Enlaces de interés

www.apromar.es
www.fao.org
www.ibyda.es

© Ediciones Pirámide

5

Probiogenómica: descifrando el ADN de los probióticos para una acuicultura saludable y sostenible

Olivia Pérez-Gómez, Miguel Ángel Moriñigo y Silvana Teresa Tapia-Paniagua

1. PROBIÓTICOS... TAMBIÉN EN LA ACUICULTURA

La Organización Mundial de la Salud (OMS)[1] define el término probiótico como «microorganismos vivos que cuando se administran en cantidades adecuadas confieren un beneficio al hospedador». El uso de probióticos en los cultivos acuícolas ha favorecido el incremento de su producción y ha mejorado el bienestar de los animales acuáticos (peces, crustáceos, moluscos, etc.). Cabe destacar el incremento de tamaño y peso de las especies cultivadas, reducción del estrés en los organismos, así como disminuir la mortalidad producida por microorganismos patógenos, entre otros beneficios[2].

El cómo se llega a determinar las características beneficiosas de una cepa para ser considerada probiótica requiere de un proceso largo y costoso. Hasta hace unos años se basaba en la caracterización a través de métodos microbiológicos convencionales que nos permitían establecer su no patogenicidad, la ausencia de resistencia a antibióticos y conocer si presentaba funciones antibacterianas, antiinflamatorias, inmunoestimulantes, etc. Sin embargo, este enfoque cambió con el desarrollo de tecnologías de secuenciación del ADN y se iniciaron los procesos de secuenciación de los primeros genomas completos de bacterias. El primer genoma bacteriano secuenciado fue *Haemophilus influenzae* y poco después se secuenciaron también las primeras cepas probióticas. En 2008 surge la «probiogenómica», una disciplina que une la «genómica» y la «microbiología», y permite identificar los posibles mecanismos moleculares implicados en el carácter probiótico de determinadas cepas. Siendo un ámbito que aporta información relacionada con la diversidad y

---

[1] Organización de las Naciones Unidas para la Alimentación y la Agricultura/Organización Mundial de la Salud (FAO/OMS) (2001). *Report on Joint FAO/WHO Expert Consultation on Evaluation of Health and Nutritional Properties of Probiotics in Food Including Powder Milk with Live Lactic Acid Bacteria.*

[2] Chabrillón, M., Rico, R. M., Balebona, M. C. y Moriñigo, M. Á. (2005). Adhesion to sole, Solea senegalensis Kaup, mucus of microorganisms isolated from farmed fish, and their interaction with *Photobacterium damselae* subsp. piscicida. *Journal of Fish Diseases, 28*(4), 229-237.

© Ediciones Pirámide

evolución de los probióticos[3] y que permite profundizar en el potencial y capacidades de dichos microorganismos. Esta disciplina se relaciona con el estudio genómico (ADN), transcriptómico (ARN), proteómico (proteínas) y metabolómico (metabolitos) de los compuestos (figura 5.1). Estos estudios permiten comprender en profundidad la composición y el funcionamiento de los sistemas biológicos a nivel molecular.

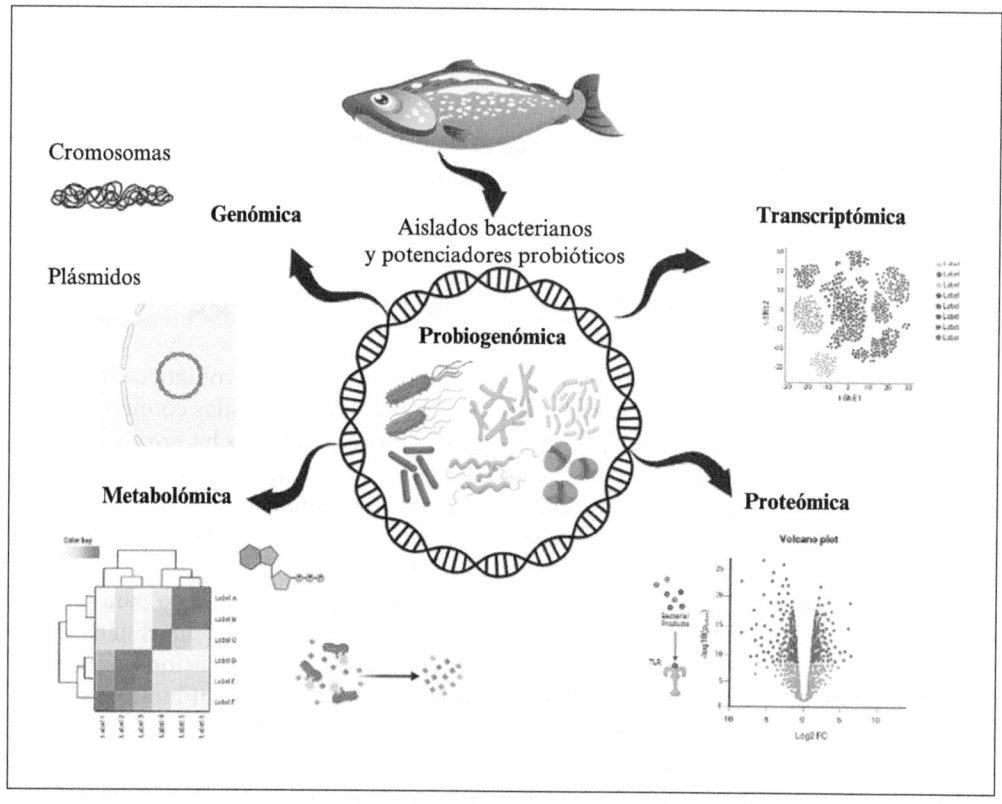

Figura 5.1. Análisis moleculares relacionados con el estudio de la probiogenómica.

La probiogenómica ha permitido conocer y caracterizar probióticos como aquellos pertenecientes a los grupos *Bifidobacterium* y *Lactobacillus,* géneros que son relevantes en la industria alimentaria y farmacéutica. También ha posibilitado analizar el potencial probiótico de nuevas bacterias como *Escherichia coli* CEC15, *Shewanella* sp. Pdp11, *Bacillus subtilis, Clostridium butyricum,* entre otras. Esto ha facilitado discriminar entre cepas pa-

---

[3] Ventura, M., O'Flaherty, S., Claesson, M. J., Turroni, F., Klaenhammer, T. R., Van Sinderen, D. y O'Toole, P. W. (2009). Genome-scale analyses of health-promoting bacteria: Probiogenomics. *Nature Reviews Microbiology, 7,* 61-71.

© Ediciones Pirámide

tógenas y no patógenas, como es el caso de cepas concretas de *Bacillus subtilis*, *Vibrio alginolyticus*[4] y *Aeromonas hydrophila*[5].

2. EL PORQUÉ DE LA PROBIOGENÓMICA

Los probióticos hoy en día son una buena alternativa para mejorar ciertos aspectos relacionados con la salud del hospedador, por tanto, se sigue avanzando en el aislamiento, análisis y caracterización de nuevas cepas probióticas. Estudiar un microorganismo y su potencial como probiótico mediante métodos tradicionales en los laboratorios de microbiología requiere de años de trabajos e investigación, además de los posteriores ensayos que nos permiten conocer sobre sus propiedades *in vivo*. El estudio a nivel genómico aporta información detallada, en un corto período de tiempo, sobre las características que pueden presentar estos microorganismos. Se pueden identificar cepas probióticas con características deseables, como la resistencia al estrés, la capacidad de adherencia a las superficies intestinales y la producción de metabolitos beneficiosos, la degradación de determinados nutrientes o la síntesis de compuestos antimicrobianos capaces de inhibir el crecimiento o destruir otros microorganismos. Esta información previa aportada por el genoma nos permite enfocar los ensayos en el laboratorio en aquellas características de interés identificadas previamente. De esta manera, se optimiza el gasto de materiales, tiempo, recursos disponibles y se facilita el proceso de evaluación del probiótico. De igual forma, la probiogenómica permite profundizar en el estudio de interacciones entre diferentes microorganismos que comparten nicho ecológico, determinándose qué mecanismos biológicos presenta el probiótico para influir sobre el crecimiento de microorganismos presentes en la microbiota, considerando como microbiota aquellos microorganismos (bacterias, virus, hongos, etc.) que están presentes en un determinado ambiente. También permite optimizar la producción, mejorando la eficiencia y la calidad de los productos probióticos. Además, facilita la evaluación de la seguridad y la calidad de los probióticos al identificar posibles genes de virulencia, resistencia a los antibióticos u otras características no deseadas. Igualmente, la probiogenómica puede acelerar el desarrollo de nuevos productos diseñados específicamente para diferentes especies animales acuícolas. Esto contribuye significativamente a mejorar la salud y las capacidades de los organismos acuáticos, así como a promover la sostenibilidad de la acuicultura en general.

3. DESAFÍOS Y OPORTUNIDADES

La capacidad de secuenciar los genomas bacterianos al completo nos facilita el estudio de genes u otros elementos moleculares implicados en el carácter probiótico. De igual for-

---

[4] Frans, I., Michiels, C. W., Bossier, P., Willems, K. A., Lievens, B. y Rediers, H. (2011). Vibrio anguillarum as a fish pathogen: Virulence factors, diagnosis and prevention. *Journal of Fish Diseases, 34,* 643-661.

[5] Zmysłowska, I., Korzekwa, K. y Szarek, J. (2009). *Aeromonas hydrophila* in fish aquaculture. *Journal of Comparative Pathology, 141,* 313.

ma, permite un estudio más rápido, óptimo y fiable de nuevos microorganismos que puedan ser empleados como probióticos. En el ámbito de la acuicultura, el uso de probióticos actualmente incluidos en la lista GRAS (Generally Recognized as Safe)[6] limita su uso, ya que son, en su mayoría, bacterias aisladas de animales o alimentos y tienen una eficacia limitada cuando estos se utilizan en organismos acuáticos. Esta limitación se debe a que estas bacterias pueden no desempeñar su función de manera tan efectiva en la promoción de la salud y el crecimiento de los organismos acuáticos como lo hacen en otros entornos. Esto puede deberse a diferencias en las condiciones ambientales (como la temperatura o el pH) y los requerimientos nutricionales de los organismos acuáticos, lo que afecta a la capacidad de los probióticos para colonizar y ejercer sus efectos beneficiosos en los peces, crustáceos y otros organismos acuáticos. Además, las bacterias probióticas utilizadas en acuicultura deben ser capaces de sobrevivir y multiplicarse en el entorno acuático, lo que puede ser un desafío para las bacterias aisladas de otros entornos. Por tanto, la eficacia de los probióticos en acuicultura puede verse comprometida cuando se utilizan bacterias que no están adaptadas específicamente a las condiciones del medio acuático. En consecuencia, las estrategias actuales se orientan hacia el empleo de microorganismos autóctonos presentes en los propios organismos. Por este motivo, se plantea el estudio de microorganismos aislados de peces sanos y su investigación como potenciales probióticos. Es el caso de la cepa aislada por nuestro grupo de investigación *Shewanella* sp. Pdp11, bacteria que se consiguió aislar por nuestro grupo de investigación hace más de 20 años, a partir de la piel de doradas cultivadas sanas. Tras evaluar sus numerosas propiedades, tanto *in vivo* como *in vitro*[7, 8], actualmente se está analizando, desde el punto de vista molecular, tanto a través de la secuenciación de su genoma como de su transcriptoma, proteoma y metabolómica.

4. EQUIPOS AVANZADOS Y HERRAMIENTAS PARA LA SECUENCIACIÓN GENÓMICA

Estas investigaciones requieren de equipos avanzados que permitan secuenciar los genomas por ultrasecuenciación (Illumina) o secuenciación masiva (Sanger). Estos secuenciadores amplifican regiones muy cortas y lineales de ADN, pero gran parte de los genomas son estructuras circulares, requiriéndose, por tanto, de herramientas informáticas que nos permitan unir dichos fragmentos de ADN en un genoma íntegro. De igual forma, se ha requerido de la creación de bases de datos o plataformas públicas como NCBI (National Center of Biotechnology Information), donde estén disponibles estos genomas secuenciados a dis-

---

[6] Burdock, G. A. y Carabin, I. G. (2004). Generally recognized as safe (GRAS): History and description. *Toxicology Letters, 150*, 3-18.

[7] Domínguez-Maqueda, M., García-Márquez, J., Tapia-Paniagua, S. T., González-Fernández, C., Cuesta, A., Espinosa-Ruiz, C., Esteban, M. Á., Alarcón, F. J., Balebona, M. C. y Moriñigo, M. Á. (2023). Evaluation of the differential postbiotic potential of *Shewanella putrefaciens* Pdp11 cultured in several growing conditions. *Marine Biotechnology, 26*, 1-18.

[8] Moreno, P., Álvarez-Torres, D., Balebona, M. C., Domínguez-Maqueda, M., Moriñigo, M. Á., Béjar, J., Alonso, M. C. y García-Rosado, E. (2023). Inhibition of nervous necrosis virus replication by *Shewanella putrefaciens* Pdp11 extract. *Aquaculture, 575*, 739812.

© Ediciones Pirámide

posición de la comunidad científica. Tras tener los genomas completos secuenciados y ensamblados, se identifican aquellos elementos genómicos que sean característicos del microorganismo en estudio. Para esto se recurre a herramientas o programas bioinformáticos que permiten gestionar y manejar la gran diversidad y densidad de datos biológicos.

5. HALLAZGOS Y APORTACIONES MÁS RELEVANTES PARA EL FUTURO DE LA INDUSTRIA ACUÍCOLA

La secuenciación del genoma de *Shewanella* sp. Pdp11 ha permitido identificar aquellos elementos genéticos característicos de esta cepa, así como establecer una comparativa con los genes de otras cepas patógenas descritas en el género *Shewanella*. La secuenciación del genoma de *Shewanella* sp. Pdp11 ha sido crucial para identificar sus características genéticas distintivas y compararlas con cepas patógenas, lo que contribuye a comprender mejor su potencial como probiótico en la acuicultura y su seguridad para su uso. El genoma ha aportado información relacionada con genes presentes en el probiótico y ausentes en cepas patógenas, y viceversa, mediante la puesta a punto de la herramienta bioinformática Tarsynflow[9], desarrollada por nuestro grupo de investigación y colaboradores. Este descubrimiento señala que los genes exclusivos del probiótico, ausentes en las cepas patógenas, podrían implicar diferencias clave en su funcionamiento y en sus posibles beneficios. Esto sugiere que el probiótico podría ser más seguro y efectivo que las cepas patógenas, lo que respalda su potencial aplicación en áreas de estudio como la acuicultura. Los estudios realizados en el grupo y la puesta a punto de herramientas bioinformáticas confirman la presencia de secuencias en el genoma que están presentes solo en nuestra cepa probiótica *Shewanella* sp. Pdp11 y su ausencia en las cepas patógenas. Esto permitirá también conocer la evolución de las cepas y si estas variaciones están implicadas en su carácter patógeno o probiótico. Asimismo, la anotación del genoma ha permitido determinar el número de genes implicados en diferentes funciones como el metabolismo de aminoácidos, movilidad, mecanismos de defensa, entre otros. Determinar el número de genes implicados en diversas funciones es crucial porque nos brinda una comprensión más profunda de cómo operan los organismos a nivel molecular. Cada gen está asociado con una función específica en el metabolismo: la regulación del crecimiento, la defensa contra patógenos y otros procesos biológicos esenciales. Al identificar y cuantificar estos genes, podemos entender mejor cómo los microorganismos interactúan con su entorno y cómo pueden influir en la salud y el bienestar de los organismos acuáticos en la acuicultura. Además, este conocimiento nos permite desarrollar estrategias más precisas y efectivas para mejorar la salud y las capacidades de los organismos acuáticos, así como para prevenir y controlar enfermedades y problemas ambientales en los cultivos acuícolas. Por ejemplo, al determinar el número de genes implicados en el metabolismo de aminoácidos, podemos identificar qué ami-

---

[9] Seoane, P., Tapia-Paniagua, S. T., Bautista, R., Alcaide, E., Esteve, C., Martínez-Manzanares, E., Balebona, M. C., Claros, M. G. y Moriñigo, M. Á. (2019). TarSynFlow, a workflow for bacterial genome comparisons that revealed genes putatively involved in the probiotic character of *Shewanella putrefaciens* strain Pdp11. *PeerJ, 7,* e6526.

noácidos son esenciales para el crecimiento y la supervivencia de los organismos acuáticos en un determinado entorno. Esto nos permite desarrollar dietas específicas que satisfagan las necesidades nutricionales de los peces, crustáceos u otros organismos en la acuicultura, mejorando así su salud. De manera similar, al comprender los genes involucrados en los mecanismos de defensa, podemos diseñar estrategias para fortalecer el sistema inmunológico de los organismos acuáticos y protegerlos contra enfermedades y patógenos.

6. PERSPECTIVAS FUTURAS

La investigación en probiogenómica nos ha permitido estudiar las características genéticas específicas que contribuyen a la actividad beneficiosa de los probióticos en organismos acuáticos. Por ejemplo, existen procesos que ayuda a descomponer los ácidos grasos, lo que contribuye a mantener un equilibrio saludable en el entorno de los organismos acuáticos. En este sentido, la probiogenómica nos proporciona una comprensión más profunda de cómo los probióticos operan a nivel genético y su interacción con el entorno acuático. Esta comprensión nos permite identificar y seleccionar cepas efectivas, que puedan tener un mayor impacto positivo en la salud y el crecimiento de los organismos acuáticos. De esta manera podríamos identificar cepas de probióticos que produzcan compuestos antimicrobianos naturales, lo que ayudaría a controlar el crecimiento de patógenos y reducir la necesidad de antibióticos. Además, nos brinda la oportunidad de analizar los mecanismos moleculares subyacentes a la actividad probiótica, incluyendo el potencial genético del microorganismo y la posible presencia de actividades específicas. Como resultado, la probiogenómica nos ofrece la posibilidad de ajustar las condiciones de cultivo para favorecer dichas actividades, lo que podría mejorar aún más su eficacia *in vivo*.

7. LA PROBIOGENÓMICA: UN CAMPO DE ESTUDIO INTERDISCIPLINAR

Este tipo de estudios son interdisciplinares y transversales, pudiendo colaborar una variedad de equipos de investigación y disciplinas, entre los que se encuentran profesionales del campo de la microbiología que pueden proporcionar experiencia en la identificación y caracterización de cepas probióticas, así como especialistas en genética que pueden contribuir con conocimientos sobre la genética de las cepas probióticas, mecanismos reguladores, promotores, etc. También son un importante apoyo el personal experto en análisis bioinformático de datos genómicos, que pueden ayudar en el procesamiento y análisis de datos de secuenciación genómica para identificar genes y vías metabólicas relevantes en las cepas probióticas. Y, por supuesto, en esta tarea también colaboran acuicultores y acuicultoras que son los encargados de evaluar la eficacia de los probióticos en condiciones de cultivo reales, así como los profesionales del ámbito de la biotecnología, especializados en la producción y manipulación genética de microorganismos, quienes contribuyen en el desarrollo y optimización de cepas probióticas para su uso en la acuicultura.

© Ediciones Pirámide

8. COLABORACIONES Y ALIANZAS EN NUESTRA INVESTIGACIÓN

Actualmente para llevar a cabo estos estudios y esta investigación se cuenta con el Servicio de Supercomputación del SCBI, de la Universidad de Málaga (UMA), con la ayuda y conocimientos de las técnicas y técnicos bioinformáticos, la doctora Rocío Bautista y el doctor Luis Díaz, así como con el catedrático Gonzalo Claros y el investigador doctor Pedro Seoane, ambos del Departamento de Bioquímica (UMA). También contamos con colaboraciones internacionales como las llevadas a cabo con el Clúster de Metabolómica de la Universidad de Tübingen (Alemania), con la participación de los doctores Daniel Petras y Paolo Stincone.

PARA SABER MÁS

Carvalho, R. D. O., Guédon, E., Aburjaile, F. F. y Azevedo, V. (2022). Editorial: Probiogenomics of classic and next-generation probiotics. *Front Microbiol, 13,* 982642.

Chabrillón, M., Rico, R. M., Balebona, M. C. y Moriñigo, M. Á. (2005). Adhesion to sole, Solea senegalensis Kaup, mucus of microorganisms isolated from farmed fish, and their interaction with *Photobacterium damselae* subsp. piscicida. *Journal of Fish Diseases, 28,* 229-237.

El-Saadony, M. T., Alagawany, M., Patra, A. K., Kar, I., Tiwari, R., Dawood, M. A. O., Dhama, K. y Abdel-Latif, H. M. R. (2021). The functionality of probiotics in aquaculture: An overview. *Fish and Shellfish Immunology, 117,* 36-52.

6

Los microorganismos en los sistemas acuapónicos: un microcosmos para el estudio de la economía circular

Jorge García-Márquez y Salvador Arijo

1. LA ACUAPONÍA: UNA FORMA DE PRODUCCIÓN DE ALIMENTOS BASADA EN LA ECONOMÍA CIRCULAR

La acuaponía representa una forma innovadora de producción de alimentos, al combinar la acuicultura y la hidroponía en un sistema integrado. En este sistema los peces se crían en tanques donde sus excreciones y desechos orgánicos son degradados y convertidos por bacterias en nutrientes inorgánicos solubles en agua. Estos nutrientes, como los nitratos, son luego absorbidos por las plantas cultivadas en el sistema hidropónico, proporcionándoles los elementos necesarios para su crecimiento y desarrollo. La retirada de estos nutrientes por parte de las plantas hace que el agua se purifique, devolviéndola limpia al tanque de los peces. Este ciclo del agua minimiza la generación de residuos y permite un crecimiento eficiente de plantas y peces en un entorno controlado (figura 6.1).

La interacción compleja entre los microorganismos, las plantas y los peces en la acuaponía crea un ambiente dinámico y equilibrado que promueve el crecimiento óptimo de todas las especies involucradas. Este enfoque integrado de producción de alimentos aumenta la eficiencia en el uso de recursos, produce una menor huella ecológica y genera alimentos saludables. Cualquier vertido tóxico o anomalía en uno de los compartimentos (peces, microorganismos, plantas) puede afectar negativamente al resto. Es por ello, que los sistemas acuapónicos pueden servir como microcosmos para comprender la interrelación que existe en el planeta entre los distintos seres vivos, incluyendo los microorganismos. Esta forma de producir alimentos, minimizando y valorizando la generación de residuos, está dentro de lo que se denomina *economía circular*.

Por todo ello, los sistemas acuapónicos no solo tienen un interés en la investigación, sino también en la docencia interdisciplinar, donde se integren conocimientos relacionados con la hidrodinámica, microbiología, botánica y horticultura, zoología y zootecnia, veterinaria, economía, etc., y otros relacionados con actividades profesionales como la fontanería, la agricultura y la acuicultura.

En los sistemas acuapónicos los microorganismos son imprescindibles, al igual que lo son para la agricultura y el correcto funcionamiento de los ecosistemas. De hecho, no habría acuaponía si no existe una comunidad microbiana asociada que pueda mantener la calidad del agua y la salud de los peces y plantas. En este contexto, comprender el papel de los microorganismos en estos sistemas es fundamental para optimizar su rendimiento y eficiencia.

Por tanto, una vía de optimizar los sistemas acuapónicos es la selección de microorganismos funcionales que puedan mejorar las condiciones de cultivo, al mismo tiempo que puedan mantener la salud y seguridad del sistema.

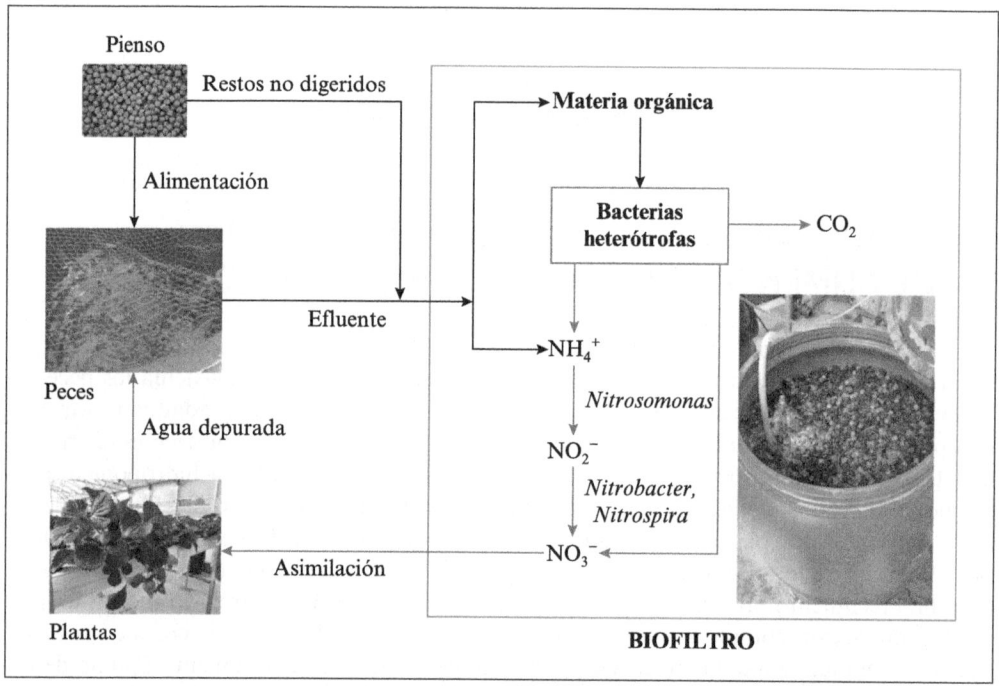

Figura 6.1. Flujo de agua y nutrientes (nitrógeno) en un sistema acuapónico.

2. LA IMPORTANCIA DE LOS MICROORGANISMOS EN LOS SISTEMAS ACUAPÓNICOS

Como se ha mencionado, en la acuaponía los microorganismos son determinantes en la transformación de la materia orgánica e inorgánica, ya que sin ellos no pueden funcionar estos sistemas.

Los microorganismos heterótrofos, como bacterias y hongos, son responsables de descomponer la materia orgánica proveniente de los desechos de los peces y restos de alimentos no consumidos. Estos microorganismos descomponen los compuestos orgánicos complejos en formas más simples, liberando nutrientes esenciales, como nitrógeno, fósforo y potasio, que son absorbidos por las plantas para su crecimiento.

© Ediciones Pirámide

Además de las bacterias heterótrofas, en los biofiltros[1] se encuentran bacterias quimioautótrofas que son capaces de obtener energía a partir de la oxidación de formas más reducidas del nitrógeno. Estos microorganismos son denominados bacterias nitrificantes. Entre ellas están los géneros *Nitrosomonas* y *Nitrobacter*. Mientras que *Nitrosomonas* oxida el amonio convirtiéndolo en nitrito, *Nitrobacter* convierte el nitrito en nitrato. Esta última molécula es mucho menos tóxica para los peces que el amonio y el nitrito, y además es asimilable por las plantas. Esto es muy importante para evitar la concentración de tóxicos en el agua, ya que los peces excretan el nitrógeno en forma de amonio. Igualmente, algunas bacterias heterótrofas pueden producir amonio al descomponer la materia orgánica procedente de las heces de los peces y de los restos de piensos no digeridos. Además de estas bacterias quimioautótrofas, existen bacterias heterótrofas que en condiciones ambientales concretas pueden oxidar el amonio y los nitritos, generando nitratos. Por último, también existen otras bacterias que en ausencia de oxígeno son capaces de respirar nitratos y nitritos formando nitrógeno molecular, que es liberado en forma gaseosa al aire. Estas se denominan bacterias desnitrificantes. Si bien la desnitrificación es una forma de tratar las aguas residuales ricas en compuestos nitrogenados, en el caso de los sistemas acuapónicos no interesa, debido a que se perdería el nitrógeno que sirve como nutriente inorgánico para las plantas. En conjunto, estos procesos mantienen la calidad del agua y proporcionan nutrientes esenciales para las plantas, promoviendo un ecosistema acuático equilibrado y saludable.

Otra de las funciones de los microorganismos que componen un sistema acuapónico sano es el control biológico de patógenos, tanto de peces como de plantas. La identificación, el estudio y el control de estos patógenos son aspectos críticos para garantizar la bioseguridad y la viabilidad de los sistemas acuapónicos. Para el control de microorganismos patógenos en los distintos compartimentos del sistema (agua, biofiltro, peces y plantas) pueden incorporarse microorganismos con capacidad de inhibir el crecimiento de patógenos. Estos microorganismos podrían ser clasificados como *probióticos*. No hay una definición única de probiótico, pero en su sentido más genérico los probióticos son microorganismos que, administrados a un hospedador (en el caso de los peces puede ser por el alimento o por el agua), generan un beneficio sobre su salud. Entre esos beneficios se encuentran el suministrar factores nutricionales al hospedador (vitaminas), mejorar la digestibilidad del alimento y la respuesta inmunitaria del animal y poseer mecanismos de control del crecimiento de patógenos. Estos microorganismos pueden controlar la presencia de patógenos mediante varios mecanismos:

1. **Competencia por las superficies de adhesión.** Las superficies de los biofiltros y de los tanques suelen estar cubiertas por una capa de microorganismos de distintas especies, que están unidas entre sí por una matriz extracelular, generada por los mismos microorganismos y por materia orgánica. En esta capa, conocida como *biofilm,* los

---

[1] Los biofiltros son dispositivos, en cuyo interior viven microorganismos, que se emplean para la depuración de las aguas residuales y efluentes de piscifactorías. En la acuaponía los microorganismos de los biofiltros descomponen los desechos orgánicos, convirtiéndolos en compuestos menos tóxicos, como nitratos, que pueden ser utilizados por las plantas como nutrientes.

microorganismos interaccionan entre sí, la mayoría de las veces de forma sinérgica, aunque en otras ocasiones se establece una competencia por los nutrientes y por el sitio de unión a las superficies. En el *biofilm,* además de las bacterias que descomponen la materia orgánica, también pueden encontrarse bacterias potencialmente patógenas. Sin embargo, si otras bacterias no patógenas cubren las superficies de adhesión, los patógenos potenciales podrían tener menor capacidad de colonizar esos espacios, contribuyendo así a la estabilidad del sistema acuapónico.

2. **Competencia por los nutrientes.** Existen bacterias con una alta capacidad de captación de nutrientes en el medio. Si su afinidad por los nutrientes es mayor que la de los potenciales patógenos que puedan estar presentes en las instalaciones, estos no tendrán nutrientes para proliferar, por lo que así se controla su crecimiento.

3. **Liberación de ácidos.** Como resultado de metabolismo de algunas bacterias, se producen ácidos (ácido láctico, ácido acético, ácidos grasos de cadena corta) que son capaces de inhibir el crecimiento de otros microorganismos, incluyendo los patógenos, más sensibles a estas sustancias.

4. **Producción de sustancias antimicrobianas.** Aquí se incluyen los antibióticos y las bacteriocinas. Ambos son compuestos producidos por microorganismos que tienen capacidad antimicrobiana. Las bacteriocinas difieren de los antibióticos básicamente porque son estructuras exclusivamente peptídicas y porque el espectro de acción es menor que en el caso de los antibióticos (solo afectan a especies de bacterias próximas filogenéticamente). La producción de antimicrobianos es un mecanismo evolutivo que permite a algunos microorganismos eliminar competidores por los sustratos en el medio donde habitan. Esta capacidad puede ser utilizada en la acuaponía para controlar el crecimiento de patógenos en los biofiltros, en el agua y en los peces.

5. **Inhibición del *quorum sensing* (QS).** El QS es un mecanismo por el que las bacterias se comunican entre sí para producir al unísono un efecto. Algunas bacterias patógenas emiten señales (inductores) al medio para detectar la concentración de individuos de su misma especie. Solo expresan virulencia si detentan en el medio una alta concentración de individuos. De esa forma, sincronizan el ataque a los hospedadores, sobrepasando la capacidad del sistema inmunitario de contrarrestar el daño. Existen microorganismos con potencial probiótico que son capaces de evitar la comunicación entre bacterias patógenas, ya sea por bloqueo de los receptores, degradación de inductores o inhibiendo la expresión de estos. De este modo, las bacterias patógenas permanecen vivas, pero no manifiestan factores de virulencia, por lo que no producen efectos perjudiciales al hospedador, quedándose como integrantes de la microbiota saprófita[2] de los individuos.

Un problema inherente al uso de bacterias vivas como probióticos es que hacen falta estudios muy exhaustivos para confirmar que esos microorganismos, si se administran en un medio como el agua o los peces, no se van a convertir en un problema. Por ejemplo,

---

[2] La microbiota saprófita se refiere a la comunidad de microorganismos que se alimentan de restos orgánicos, y no son patógenos para las plantas y los peces del sistema acuapónico.

© Ediciones Pirámide

bacterias que son inocuas para unas especies (peces, plantas), pueden ser patógenas para otras. Igualmente podrían alterar la microbiota natural del medio donde se liberan o podrían transmitir genes de resistencia a antibióticos a microorganismos potencialmente patógenos. Para evitar esos problemas, una solución es la utilización de probióticos muertos o inactivos (parabióticos) o sus subproductos activos (postbióticos), de tal manera que sigan conservando su capacidad de actuar a favor de la salud de los peces e inhibir el crecimiento de patógenos, aunque hayan perdido su capacidad de reproducirse. El problema de esta solución es que implica la administración continua de estos productos para que sigan generando la actividad beneficiosa que buscamos.

Por último, hay que reseñar que, en muchas ocasiones, para obtener todas las propiedades beneficiosas de los microorganismos hace falta que se creen consorcios bacterianos funcionales. Es decir, grupos de microorganismos de distintas especies que tengan funciones diferentes, pero que se complementen, generando procesos sinérgicos entre ellos.

Basándose en todo lo anterior, nuestro trabajo se enfoca en el uso de microorganismos para optimizar la producción de los sistemas acuapónicos. Este trabajo contempla dos objetivos parciales:

1. Aislamiento, caracterización y selección de microorganismos funcionales para su uso en biofiltros, con dos propósitos:

    a) Optimizar la eliminación de la materia orgánica y la producción de nitratos.
    b) Que sean capaces de inhibir el crecimiento de potenciales patógenos.

2. Uso de bacterias potencialmente probióticas inactivadas (parabióticos) que confieran ventajas sobre la salud de los peces: mejor digestibilidad y aprovechamiento de los alimentos, activación de la respuesta inmunitaria y control de patógenos.

3. AVANCES EN LA ACUAPONÍA DESDE EL PROYECTO ACUDES

La investigación empezó a gestarse dentro del proyecto del Plan Nacional «Diseño y evaluación de probióticos y piensos en acuaponía desacoplada de peces, plantas y microalgas» (ACUDES), AGL2017-83260-R. El objetivo general de este proyecto fue la «optimización de la producción acuapónica de lisas (peces), fresas y/o lechugas, y de los sistemas de biofiltración basados en consorcios bacterias-microalgas que serán empleados en la producción de piensos funcionales para los peces». En este proyecto se utilizó como pez modelo la lisa, de la especie *Chelon labrosus*. Este pez de la familia de los mugílidos tiene la ventaja de ser omnívoro (su dieta puede estar compuesta tanto de vegetales como de animales) y es capaz de vivir a distintas concentraciones de sal en el agua (agua de mar, aguas salobres e incluso agua dulce).

Para el aislamiento y selección de bacterias funcionales se obtuvieron muestras de unos biofiltros de sistemas de mantenimiento de peces (barbo andaluz, *Luciobarbus scla-*

teri) en circuito cerrado. Estos sistemas llevaban meses funcionando correctamente, por lo que se suponía que la microbiota de sus biofiltros era la adecuada. Una vez aisladas un número determinado de bacterias en un medio de cultivo, se caracterizaron basándose en su actividad metabólica, sus características fisiológicas de cultivo y su capacidad de inhibir bacterias patógenas *in vitro*. De aquí se eligieron las cepas con mejores características. Tras esta segunda selección, se realizaron estudios a escala para conocer su capacidad de degradar compuestos orgánicos y su capacidad de inhibir bacterias patógenas inoculadas en el agua.

Por otra parte, para su uso como parabiótico (probióticos inactivos) en los peces se utilizó la cepa *Vibrio proteolyticus* DCF12.2. Esta cepa fue aislada de acedías *(Hippoglossus cuneata)* y ha demostrado su potencial probiótico al ser capaz de degradar una variedad de nutrientes, inhibir el crecimiento de algunos patógenos de peces y activar la respuesta inmunitaria[3, 4]. Para su inactivación se utilizó su inmersión en etanol, ya que este método permitía matar a las bacterias sin afectar su actividad enzimática y bactericida. Estos parabióticos de la cepa DCF12.2 fueron incluidos en piensos experimentales que contenían un 15 % de proteínas de la microalga *Chlorella fusca*. Con estos piensos enriquecidos con el probiótico inactivado se alimentaron grupos de individuos de lisas *(Chelon labrosus)* durante un período de 90 días. Tras la fase de alimentación, los peces se pesaron y se midieron. Finalmente, se tomaron muestras para ver cómo el tratamiento afectaba al perfil nutricional de la carne de los peces, la expresión génica de actividades relacionadas con el metabolismo, el estrés y el sistema inmunitario, y el efecto de la dieta sobre la microbiota intestinal de los propios peces[5, 6].

4. DESCRIPCIÓN DEL SISTEMA ACUAPÓNICO USADO EN EL PROYECTO

Para desarrollar el proyecto se diseñaron dos sistemas acuapónicos desacoplados (figuras 6.2 y 6.3). Los sistemas desacoplados permiten desvincular el subsistema de acuicultura del sistema hidropónico. Esto facilita la gestión en el caso de que surja algún pro-

---

[3] Medina, A., Moriñigo, M. Á. y Arijo, S. (2020). Selection of putative probiotics based on antigen-antibody cross-reaction with *Photobacterium damselae* subsp. *piscicida* and *Vibrio harveyi* for use in Senegalese sole *(Solea senegalensis)*. *Aquaculture Reports, 17,* 100366.

[4] Medina, A., García-Márquez, J., Moriñigo, M. Á. y Arijo, S. (2023). Effect of the potential probiotic *Vibrio proteolyticus* DCF12.2 on the immune system of *Solea senegalensis* and protection against *Photobacterium damselae* subsp. *piscicida* and *Vibrio harveyi*. *Fishes, 8,* 344.

[5] García-Márquez, J., Vizcaíno, A. J., Barany, A., Galafat, A., Acién, G., Figueroa, F. L., Alarcón, F. J., Mancera, J. M., Martos-Sitcha, J. A., Arijo, S. y Abdala-Díaz, R. T. (2023a). Evaluation of the Combined Administration of *Chlorella fusca* and *Vibrio proteolyticus* in Diets for *Chelon labrosus:* Effects on Growth, Metabolism, and Digestive Functionality. *Animals, 13,* 589.

[6] García-Márquez, J., Álvarez-Torres, D., Cerezo, I. M., Domínguez-Maqueda, M., Figueroa, F. L., Alarcón, F. J., Acién, G., Martínez-Manzanares, E., Abdala-Díaz, R. T., Béjar, J. y Arijo, S. (2023b). Combined Dietary Administration of *Chlorella fusca* and Ethanol-Inactivated *Vibrio proteolyticus* Modulates Intestinal Microbiota and Gene Expression in *Chelon labrosus*. *Animals, 13,* 3325.

© Ediciones Pirámide

blema en algunos de los subsistemas, como la aparición de patógenos o la necesidad de aportar nutrientes adicionales a las plantas. De esa forma los compuestos utilizados en un subsistema no afectan al otro subsistema. Los dos subsistemas se vuelven a conectar cuando se consigue que ambos estén en óptimas condiciones.

Cada sistema se componía de tres tanques de 2.000 l para la cría de peces (lisas de la especie *C. labrosus*), tres filtros mecánicos (eliminación de restos orgánicos particulados), tres biofiltros (eliminación de restos orgánicos disueltos y conversión del amonio excretado por los peces en nitrito y en nitrato) compuestos por cilindros de plásticos donde se adhieren las bacterias (figura 6.3), y varios sistemas NFT (Nutrient Film Technique) para el cultivo de plantas (lechugas y fresas). Como novedad, respecto a otros sistemas acuapónicos, parte del agua de salida de los biofiltros se derivó a sistemas de cultivo de microalgas *(C. fusca)*. Las algas se utilizaron para el diseño de piensos para la alimentación de los propios peces del sistema, con lo que se intentó maximizar la valorización de los efluentes basándose en las premisas de los modelos de economía circular.

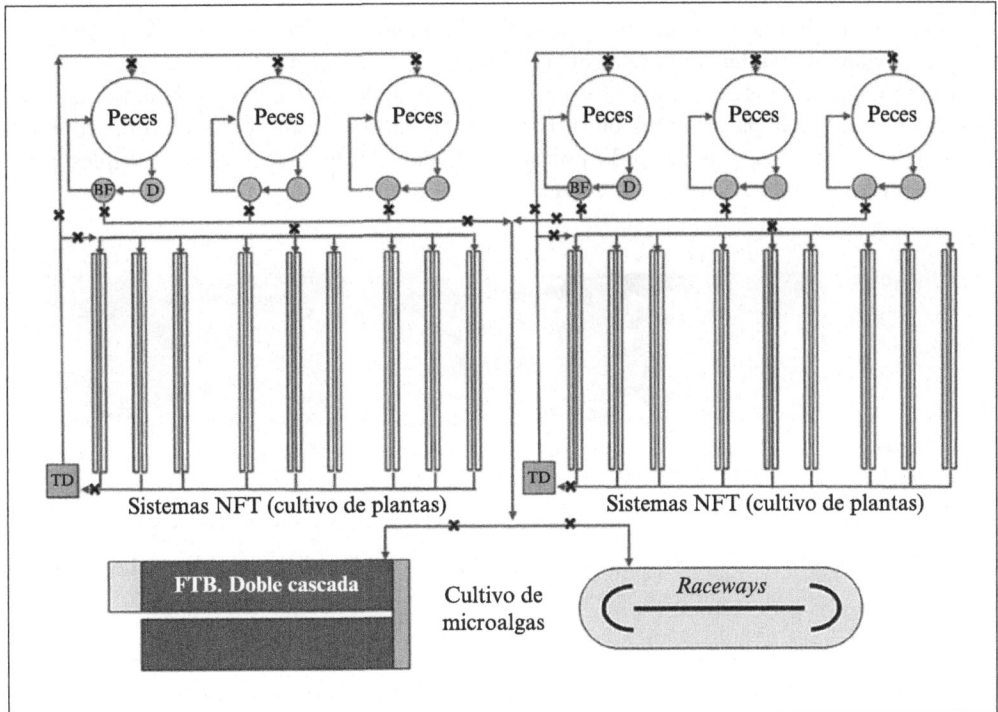

Figura 6.2. Estructura del sistema acuapónico desacoplado utilizado en el proyecto ACUDES. BF: biofiltros; D: decantadores (filtro mecánico); TD: tanque de desacople/fertilización. Las aspas negras representan las llaves de paso para abrir o cerrar los circuitos.

Figura 6.3. Sistema acuapónico utilizado en el proyecto ACUDES. Izquierda: los sistemas NFT de cultivo de fresas y al fondo los tanques para la cría de peces. Centro y derecha: biofiltro donde se descompone la materia orgánica y se produce el nitrato, y detalle de los cilindros de plástico donde se forma el *biofilm* de microorganismos.

5. RESULTADOS OBTENIDOS CON LA INVESTIGACIÓN SOBRE MICROORGANISMOS Y SISTEMAS ACUAPÓNICOS

Aislamiento de microorganismos y selección basándose en sus características metabólicas y capacidad de inhibición *in vitro* del crecimiento de patógenos. Tras los procesos de selección se eligieron dos cepas, *Pseudomonas plecoglossicida* I y *Bacillus* sp G como las más idóneas para formar parte de los biofiltros, la primera por su alta capacidad de inhibir a potenciales patógenos, y la segunda por su capacidad de degradación de múltiples compuestos, entre los que se incluye la celulosa (figura 6.4).

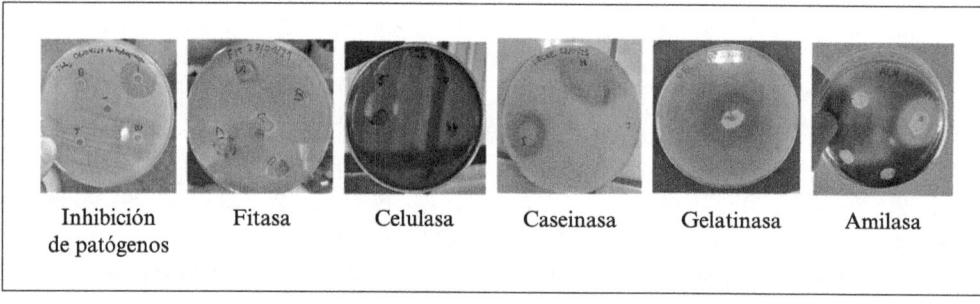

Inhibición de patógenos   Fitasa   Celulasa   Caseinasa   Gelatinasa   Amilasa

Figura 6.4. Prueba de inhibición de patógenos y algunas pruebas de actividad metabólica de las cepas seleccionadas.

Estudio a escala de la capacidad de las cepas seleccionadas de degradación de la materia orgánica e inhibición de microorganismos potencialmente patógenos. Los ensayos a escala se realizaron adhiriendo las cepas seleccionadas (*Bacillus* sp. G o *P. plecoglossicida* I) a los cilindros de plástico de los biofiltros. Aunque ninguna de las cepas produjo cambios en las concentraciones de amonio y de nitritos, sí que mostraron una degradación efectiva de la materia orgánica y retirada de nitratos del agua. En las pruebas de cocultivo los biofiltros

© Ediciones Pirámide

con *P. plecoglossicida* I mostraron capacidad antagonista frente al patógeno *Vibrio anguillarum*. En conclusión, *P. plecoglossicida* I podría ser un buen candidato para la formación de biofiltros, aunque sus capacidades metabólicas y antagonistas muestran limitaciones que deberían ser resueltas mediante el uso de un consorcio con otros microorganismos.

Efecto del probiótico *V. proteolyticus* DCF12.2 sobre la salud de los peces. Tras 90 días de alimentación, las lisas alimentadas con la dieta combinada de *C. fusca* y *V. proteolyticus* tuvieron un mayor crecimiento y una mejor utilización del pienso en comparación con el grupo alimentado sin microalga ni bacteria. Además, aumentó la calidad del pescado, los ácidos grasos poliinsaturados omega-3, el metabolismo de los carbohidratos y la capacidad de absorción intestinal. Por último, la dieta combinada moduló la composición microbiana intestinal y la expresión génica relacionada con el estrés y la inmunidad de los peces.

6. BENEFICIOS PRÁCTICOS DE LA INVESTIGACIÓN SOBRE ACUAPONÍA Y MICROORGANISMOS

El estudio de estos microorganismos puede proporcionar información crucial sobre los procesos biológicos y químicos que ocurren en los sistemas acuapónicos, lo que permite optimizar el rendimiento y la eficiencia de estos sistemas. Los resultados se pueden extrapolar al funcionamiento de los ecosistemas, ya que la acuaponía es un microcosmos de lo que puede pasar a escalas superiores. Además, comprender la función de los microorganismos en la descomposición de la materia orgánica y la nitrificación del agua puede ayudar a mejorar la gestión de la calidad del agua, reduciendo así los riesgos de contaminación y enfermedades para los organismos acuáticos. Esto puede contribuir a una producción acuícola más sostenible y respetuosa con el medio ambiente.

La investigación en este campo también puede tener implicaciones en la seguridad alimentaria y la nutrición humana, ya que los sistemas acuapónicos pueden producir una amplia variedad de alimentos nutritivos, como pescado y verduras, de manera eficiente y más sostenible que otras explotaciones agrícolas y acuícolas.

Los microorganismos seleccionados podrían utilizarse en otros procesos biotecnológicos, como la depuración de aguas o el biocontrol de enfermedades en el medio ambiente.

Por último, la investigación sobre el efecto de cepas potencialmente probióticas en los sistemas acuapónicos puede tener aplicaciones en otros campos, como la medicina y la biotecnología. Estos microorganismos podrían tener propiedades medicinales o industriales únicas que podrían aprovecharse para desarrollar nuevos productos farmacéuticos o tratamiento tanto en humanos como en otros animales.

7. LA ACUAPONÍA COMO CAMPO DE ESTUDIO INTERDISCIPLINAR

La investigación sobre los microorganismos en los sistemas acuapónicos es un campo interdisciplinario que puede beneficiarse enormemente de la colaboración con investigadores de diversas disciplinas. Por ejemplo, la colaboración con profesionales del campo de la microbiología, bioquímica y ecología puede proporcionar una comprensión más profunda de los ecosistemas acuáticos y los procesos biológicos que ocurren en estos sistemas. Estas personas expertas pueden contribuir con su experiencia en la identificación y clasificación de especies de microorganismos, así como elucidar las complejas interacciones entre los microorganismos y los compuestos químicos presentes en el agua y el sustrato. Estos investigadores e investigadoras pueden utilizar técnicas analíticas avanzadas para identificar y cuantificar las moléculas producidas por los microorganismos, proporcionando información esencial sobre sus funciones y actividades metabólicas. Por otra parte, la colaboración con ingenieros e ingenieras puede conducir al desarrollo de nuevas tecnologías y soluciones innovadoras para mejorar la eficiencia y la productividad de los sistemas acuapónicos.

8. TRABAJO EN EQUIPO PARA LA OPTIMIZACIÓN DE LOS SISTEMAS ACUAPÓNICOS

La investigación sobre los microorganismos en los sistemas acuapónicos permite avanzar en el conocimiento y la aplicación de estas tecnologías en la producción de alimentos. En primer lugar, la colaboración con universidades y centros de investigación puede proporcionar acceso a recursos y conocimientos especializados, así como oportunidades para la realización de investigaciones colaborativas y proyectos conjuntos. Fruto de esta colaboración universidad-institutos de investigación fue el proyecto ACUDES. En él formaron parte, tanto personas investigadoras del IBYDA como del IFAPA-La Mojonera, que colaboraron activamente en el equipo de trabajo, aportando conocimientos relacionados con el manejo del cultivo de fresa y lechuga hidropónica. Además, la colaboración con empresas del sector acuícola y agroalimentario puede ser fundamental para la transferencia de tecnología y la aplicación práctica de los resultados de la investigación. Así, los cultivos hidropónicos pueden complementarse con sistemas acuícolas asociados, y las piscifactorías puede usar cultivos hidropónicos como tratamiento y eliminación de nutrientes inorgánicos. En ambos casos la idea es incrementar la sostenibilidad y aplicar la economía circular en la producción alimenticia.

PARA SABER MÁS

Goddek, S., Delaide, B., Mankasingh, U., Ragnarsdottir, K. V., Jijakli, H. y Thorarinsdottir, R. (2015). Challenges of sustainable and commercial aquaponics. *Sustainability, 7,* 4199-4224.

Okomoda, V. T., Oladimeji, S. A., Solomon, S. G., Olufeagba, S. O., Ogah, S. I. e Ikhwanuddin, M. (2023). Aquaponics production system: A review of historical perspective, opportunities, and challenges of its adoption. *Food Science & Nutrition, 11,* 1157-1165.

Palm, H. W., Knaus, U., Appelbaum, S., Goddek, S., Strauch, S. M., Vermeulen, T., Jijakli, M. y Kotzen, B. (2018). Towards commercial aquaponics: A review of systems, designs, scales and nomenclature. *Aquaculture International, 26,* 813-842.

© Ediciones Pirámide

Somerville, C., Cohen, M., Pantanella, E., Stankus, A. y Lovatelli, A. (2022). Producción de alimentos en acuaponía a pequeña escala - Cultivo integral de peces y plantas. *FAO Documento Técnico de Pesca y Acuicultura,* n.º 589. FAO.

7

Probióticos y otros «-bióticos». Descubriendo los beneficios de los probióticos y otros aliados en acuicultura

Sonia Rohra-Benítez, Marta Domínguez-Maqueda
y Silvana Teresa Tapia-Paniagua

1. NUEVAS ESTRATEGIAS CON «-BIÓTICOS» PARA MEJORAR LA INDUSTRIA ACUÍCOLA

La acuicultura es la industria que se encarga de la cría y cultivo de organismos acuáticos, vegetales y animales tanto del medio marino como de agua dulce. Esta industria permite hacer frente a la demanda de pescado y al consumo de proteínas de una población en continuo crecimiento. La acuicultura ayuda a disminuir la presión de la pesca extractiva en el medio natural[1], tiene un impacto positivo en la economía, aumenta el número de puestos de trabajo y proporciona productos de una alta calidad nutricional, a un coste menos elevado[2]. Sin embargo, no está exenta de inconvenientes, ya que un cultivo intensivo de los animales conlleva una serie de problemas que limitan su producción, como pueden ser el alto coste de las dietas, el estrés al que se ven sometidos los animales y la presencia de enfermedades infecciosas, entre otros. Por tanto, hoy en día numerosos esfuerzos están enfocados a la búsqueda de nuevas estrategias que ayuden a solventar o a mitigar estas limitaciones. Durante años se ha investigado para mejorar y reducir el coste de las dietas, reduciendo o sustituyendo en parte las harinas de pescado y añadiendo otros elementos nutricionalmente valorados y aceptados por los organismos de cultivo. Igualmente, a raíz de la regulación del uso de antibióticos por parte de la Unión Europea[3], para evitar el incremento de resistencias a los mismos por parte de las bacterias, la investiga-

---

[1] El-Saadony, M. T., Alagawany, M., Patra, A. K., Kar, I., Tiwari, R., Dawood, M. A. O., Dhama, K. y Abdel-Latif, H. M. R. (2021). The functionality of probiotics in aquaculture: An overview. *Fish and Shellfish Immunology, 117,* 36-52.

[2] FAO (2022). *El estado mundial de la pesca y la acuicultura 2022. Hacia la transformación azul.* FAO. https://doi.org/10.4060/cc0461es

[3] Torres-Maravilla, E., Parra, M., Maisey, K., Vargas, R. A., Cabezas-Cruz, A., González, A., Tello, M. y Bermúdez-Humarán, L. G. (2024). Importance of probiotics in fish aquaculture: Towards the identification and design of novel probiotics. *Microorganisms, 12,* 626.

© Ediciones Pirámide

ción se dirigió al desarrollo de vacunas e inmunoestimulantes como mecanismos para prevenir infecciones. Algo más reciente, el uso de «-bióticos», entre los que se encuentran los más conocidos, los probióticos. Pese a que las vacunas son una gran estrategia frente a la prevención de enfermedades infecciosas, llevar esto a la práctica acuícola no siempre es posible, dada la dificultad en cuanto a su administración, la necesidad de contar con personal especializado para su aplicación y la escasez de vacunas disponibles frente a los numerosos patógenos acuícolas que existen.

Los probióticos son definidos como «microorganismos vivos que administrados en las cantidades adecuadas confieren beneficios en el hospedador»[4]. Sus efectos beneficiosos han sido descritos ampliamente por numerosos estudios, confiriéndole a los organismos acuáticos un mejor crecimiento, un estado más saludable, mejor estabilidad intestinal y mejor estado inmunológico, entre otros. Además, pueden ayudar a digerir ciertos compuestos que el organismo cultivado no podría digerir por sí mismo; y producen sustancias beneficiosas como pueden ser vitaminas, ácidos grasos o bacteriocinas, ejerciendo protección frente a posibles patógenos.

Otra de las estrategias usadas son los *prebióticos;* estos son sustancias que no pueden ser digeridas por el animal que las consume, pero sí por las bacterias pertenecientes a la microbiota o por los probióticos en cuestión, mejorando su crecimiento. También podemos encontrar los *simbióticos,* que combina probióticos y prebióticos (figura 7.1). En este caso, se administra a los organismos tanto una bacteria beneficiosa como una sustancia o prebiótico que estimula su crecimiento.

Sin embargo, el uso de probióticos en la industria acuícola y ganadera no está exento de problemas, puesto que, según la normativa vigente, no pueden utilizarse como probióticos aquellos microorganismos que no están presentes en la lista GRAS (Generally Recognized as Safe) según lo establecido por la FDA (Federal Food, Drug, and Cosmetic Act). Esta lista recoge especies ampliamente utilizadas en humanos como, por ejemplo, las cepas *Lactobacillus amylolyticus* o *Bacillus pumilus,* cuyos efectos beneficiosos no necesariamente se transfieren a otros organismos, especialmente los acuícolas, debido a las propias características fisiológicas y ambientales a las que se ven sometidos.

Por consiguiente, debido a estos inconvenientes se están desarrollando nuevas estrategias que no implican que los microorganismos estén vivos, como son los *postbióticos y paraprobióticos* (figura 7.1). Los postbióticos son sustancias liberadas al exterior por bacterias o las que se liberan tras la ruptura celular, mientras que los paraprobióticos son las células bacterianas intactas pero inactivadas. Tanto los paraprobióticos como los postbióticos pueden ser utilizados en sustitución de las células vivas o probióticos.

---

[4] FAO/WHO (2002). *Guidelines for the evaluation of probiotics in food.* https://www.who.int/foodsafety/fs_management/en/probiotic_guidelines.pdf

© Ediciones Pirámide

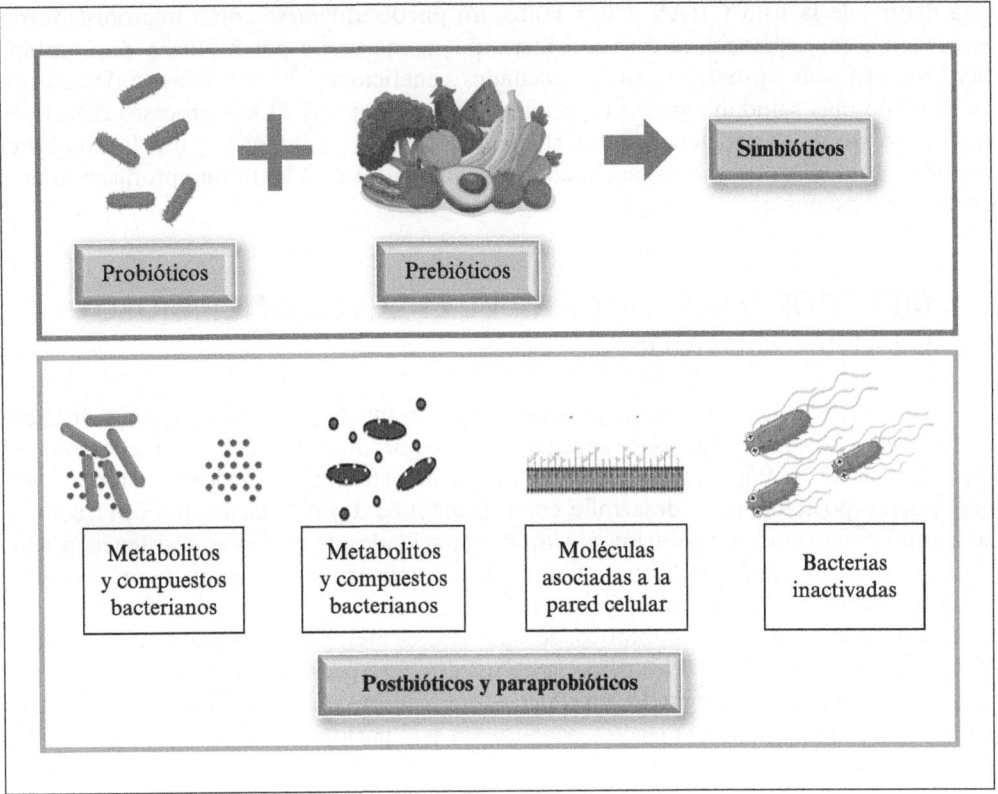

Figura 7.1. Esquema de los principales «-bióticos» y su significado.

2. POSTBIÓTICOS Y PARAPROBIÓTICOS: UNA ALTERNATIVA SALUDABLE Y SOSTENIBLE EN ACUICULTURA

La búsqueda de nuevas estrategias en acuicultura como las descritas anteriormente es esencial para solucionar las limitaciones de la industria como las enfermedades infecciosas, el estrés o el bienestar animal, así como incrementar la calidad nutricional de las dietas. Dado que las cepas probióticas descritas hoy en día están limitadas a algunas especies de uso y procedencia humana o mamífera, que no tienen por qué funcionar en organismos acuícolas, se hace necesario buscar nuevas estrategias, siempre cumpliendo la normativa y la legislación vigentes. Por esta razón, el uso de postbióticos y paraprobióticos se presenta como una alternativa viable, fácil de obtener y que permite aprovechar todos los beneficios de grupos bacterianos que, de forma viva, no podrían administrarse. Es el caso de la cepa *Shewanella* sp. Pdp11, cuyas propiedades beneficiosas como probiótico se llevan estudiando más de 20 años y han dado lugar a más de 50 publicaciones científicas y tres patentes en nuestro grupo de investigación. Sin embargo, no está dentro de la lista GRAS y, por tanto, no puede utilizarse como microorganismo vivo. Como consecuencia, se está considerando su uso como postbiótico y paraprobiótico, con el fin de aprovechar sus propiedades beneficiosas[5, 6, 7]. En ellas se destaca un crecimiento más saludable de las especies acuícolas, mejoras en sus procesos digestivos y un aumento de su resistencia a enfermedades. De este modo, al mejorar la salud y el rendimiento de los organismos acuáticos en la acuicultura, se logra una producción más eficiente y sostenible.

3. MÉTODOS PARA VALORAR EL EFECTO BENEFICIOSO DE LOS «-BIÓTICOS»

Como se ha mencionado en el apartado anterior, muchos esfuerzos se están dirigiendo al estudio de características y capacidades de los productos celulares. En el caso de la cepa *Shewanella* sp. Pdp11, estas propiedades se han visto tanto al aplicarlo como probiótico o como postbiótico. El desarrollo como probiótico de *Shewanella* sp. Pdp11 comenzó con un aislamiento y valoración *in vitro* de capacidades de adhesión, resistencia a bilis, efecto angatonista, entre otras, para una posterior aplicación *in vivo* que permitiera profundizar y corroborar los efectos beneficiosos obtenidos en el laboratorio. En el caso de la aplicación *in vivo* como probiótico, se optimizó el método de administración y dosis efectiva enfocado a dos especies de peces cultivados de especial relevancia, como la dorada *(Sparus aurata)* y el lenguado senegalés *(Solea senegalensis)*. Estudios *in vivo* en estos especímenes han demostrado efectos beneficiosos por parte del probiótico *Shewanella* sp. Pdp11 en tres niveles principalmente:

1. A nivel fisiológico, por ejemplo, es capaz de adelantar y sincronizar la metamorfosis así como la talla de los organismos cultivados.
2. A nivel intestinal modula la microbiota intestinal, mejora la cantidad y forma de las microvellosidades o disminuye el número de inclusiones lipídicas, entre otras cosas.
3. A nivel del sistema inmunitario se ha demostrado que es capaz de mejorar el sistema inmune.

---

[5] Domínguez-Maqueda M., Cerezo, I. M., Tapia-Paniagua, S. T., De la Banda, I. G., Moreno-Ventas, X., Moriñigo, M. Á. y Balebona, M. C. (2021). A tentative study of the effects of heat-inactivation of the probiotic strain *Shewanella putrefaciens* Ppd11 on Senegalese Sole *(Solea senegalensis)* intestinal microbiota and immune response. *Microorganisms, 12,* 808.

[6] Domínguez-Maqueda, M., Pérez-Gómez, O., Grande-Pérez, A., Esteve, C., Seoane, P., Tapia-Paniagua, S. T., Balebona, M. C. y Moriñigo M. Á. (2022). Pathogenic strains of *Shewanella putrefaciens* contain plasmids that are absent in the probiotic strain Pdp11. *PeerJ, 10,* e14248.

[7] Domínguez-Maqueda, M., García-Márquez, J., Tapia-Paniagua, S. T., González-Fernández, C., Cuesta, A., Espinosa-Ruiz, C., Esteban, M. Á., Alarcón, F. J., Balebona, M. C. y Moriñigo, M. Á. (2024). Evaluation of the differential postbiotic potential of *Shewanella putrefaciens* Pdp11 cultured in several growing conditions. *Marine Biotechnology, 26,* 1-18.

© Ediciones Pirámide

Con respecto a los postbióticos, debido a la variedad de compuestos derivados de un microorganismo probiótico que se pueden considerar potenciales postbióticos, la metodología a seguir supone una primera valoración de qué se quiere obtener como derivado «-biótico». En el caso de *Shewanella* sp. Pdp11, los potenciales postbióticos a estudiar son sus productos extracelulares. A continuación, es necesario optimizar la obtención de estos postbióticos, para posteriormente evaluar, mediante una serie de estudios *in vitro,* diferentes capacidades que supongan un interés en el ámbito de su aplicación. Relativo al ámbito de la industria acuícola, nuestros estudios han valorado en dichos postbióticos sus propiedades enzimáticas de degradación de compuestos nutricionales y, especialmente, antinutricionales, que podrían estar en los piensos suministrados a los animales cultivados tales como celulosa, gelatina, taninos o fitatos. Aunque en los estudios realizados actualmente por el grupo de investigación de Biocontrol y Prevención de Enfermedades en Acuicultura no se ha detectado capacidad de inhibición antibacteriana de los productos celulares, sí que se ha comprobado que se puede inhibir la formación de biopelículas de patógenos como *Vibrio anguillaru*[8], así como la modulación de la expresión génica de la exotoxina secretada por el patógeno *Photobacterium damselae* subsp. *piscicida.*

4. INNOVACIÓN EN LOS MEDIOS DE CULTIVOS PARA UNA PRODUCCIÓN ACUÍCOLA EFICIENTE Y SALUDABLE

Para llevar a cabo la investigación centrada en la producción de postbióticos y paraprobióticos para su aplicación en acuicultura es fundamental realizar una exhaustiva revisión de bacterias que hayan demostrado tener propiedades beneficiosas *in vivo*[9]. Posteriormente, hay que seleccionar y caracterizar las cepas microbianas adecuadas para la producción de postbióticos y paraprobióticos, teniendo en cuenta sus capacidades y actividades de interés para promover la salud de los peces y otros organismos acuáticos. Entre estas capacidades puede estar el efecto antimicrobiano, antiviral, actividades enzimáticas, degradación de sustancias, etc. Además, hay que tener en cuenta la optimización de las condiciones de cultivo a las que se va a someter al microorganismo. Entre estas condiciones se incluyen diferentes medios de cultivo, que pueden contener diversos elementos como, por ejemplo, algas, que ofrecen una amplia gama de proteínas y otros compuestos. Además, se consideran aspectos como las variaciones de temperatura. Todo esto establece parámetros para una producción rentable, eficiente y escalable, asegurando la viabilidad y estabilidad de los productos finales.

---

[8] Rohra-Benítez, S. (2022). Análisis preliminar del potencial postbiótico de probióticos piscícolas. *XXIII Jornadas de Biología Celular y Molecular.* Programa de Doctorado y Máster en Biología Celular y Molecular. España, Universidad de Málaga.

[9] Medina, A., García-Márquez, J., Moriñigo, M. Á. y Arijo, S. (2023). Effect of the potential probiotic *Vibrio proteolyticus* DCF12.2 on the immune system of *Solea senegalensis* and protection against *Photobacterium damselae subsp. piscicida* and *Vibrio harveyi. Fishes, 8,* 344.

Del mismo modo, se evalúa la eficacia *in vitro* mediante estudios de laboratorio y ensayos de campo en instalaciones de acuicultura, bajo condiciones controladas. Esto permite validar su eficacia en situaciones reales de producción. También se evalúa su impacto en términos de crecimiento y salud de los animales cultivados, así como calidad de los productos acuícolas.

Por último, hay que realizar un análisis económico para valorar la viabilidad comercial de la producción y aplicación de postbióticos y paraprobióticos en la acuicultura, teniendo en cuenta los costes de producción y los posibles beneficios económicos derivados de su uso. Además, ambos derivados «-bióticos» ofrecen ventajas prácticas sobre los probióticos, como una manipulación, almacenamiento y transporte más sencillos, un mejor control de la seguridad y sostenibilidad ambiental, en detrimento del uso de antibióticos, así como una interacción mínima o nula con el alimento o sus ingredientes. En este sentido, por ejemplo, en el esturión, una especie importante en la acuicultura china, se ha desarrollado un postbiótico que se usa de forma comercial, el *Herpes Worry Free* (HWF)®.

5. DESCUBRIENDO LOS BENEFICIOS DEL PROBIÓTICO *SHEWANELLA* SP. PDP11

En el caso de la cepa en la que está estudiando nuestro grupo de investigación, *Shewanella* sp. Pdp11, se han descrito numerosos beneficios como probiótico en peces, tales como la dorada o el lenguado, estudiados hasta el momento. Por ejemplo, se han observado beneficios a diferentes niveles, desde una mejora en el estado fisiológico y un mayor crecimiento y engorde por un mejor aprovechamiento del pienso, hasta una mejor respuesta inmunitaria frente a las infecciones y una mayor estabilidad intestinal, reforzando las barreras para evitar infecciones. Este hecho ocurrió en uno de los trabajos realizado por el grupo de investigación, cuando los peces del ensayo desarrollaron una enfermedad infecciosa. Los peces que se estaban alimentando con una dieta suplementada con el probiótico no desarrollaron la enfermedad, mientras que los grupos controles tuvieron una mortalidad cercana al 80%. Otros beneficios descritos por nuestro grupo de investigación se pueden observar en la figura 7.2.

Por otra parte, en cuanto a las capacidades de *Shewanella* sp. Pdp11 como postbiótico y paraprobiótico, también se observan beneficios (véase figura 7.3). En condiciones *in vitro* podemos ver actividades tanto enzimáticas como de inhibición de formación de biopelículas, mientras que el ensayo realizado *in vivo* en ejemplares de lubina muestra actividad antiviral.

© Ediciones Pirámide

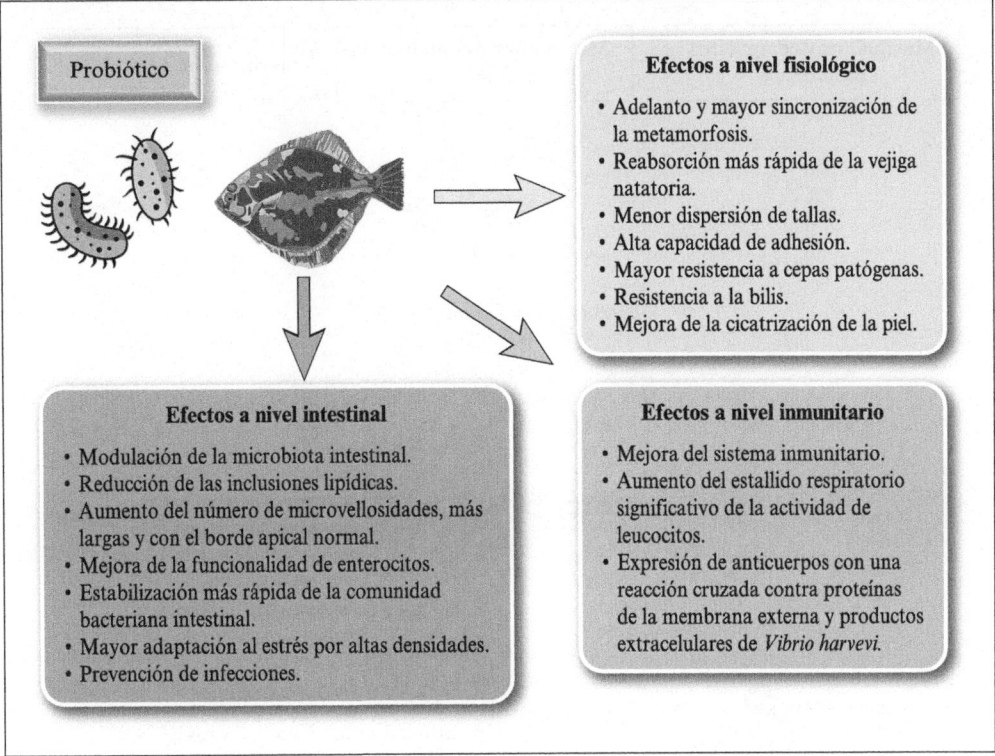

Figura 7.2. Efectos del *Shewanella* sp. Pdp11 como probiótico.

6. BUSCANDO NUEVOS PROBIÓTICOS PARA UNA PRODUCCIÓN ACUÍCOLA MÁS SOSTENIBLE

La búsqueda de nuevos probióticos y otras alternativas a estos, como los postbióticos y paraprobióticos, incrementan las posibilidades de usar los microorganismos. Estos tienen capacidades interesantes y aprovechables por la industria acuícola para hacer dietas funcionales, mejorando la salud e incrementando la producción acuícola de forma sostenible. Además, si presentan capacidad inhibitoria de patógenos, se podría reducir el uso de antibióticos, disminuyendo el riesgo de resistencia antimicrobiana y minimizando el impacto ambiental. Todo ello, bajo el paraguas de la normativa y la legislación vigentes, desarrollando productos que cumplan con los estándares regulatorios y normativos establecidos para la acuicultura, con objeto de garantizar la seguridad alimentaria y la salud de los consumidores.

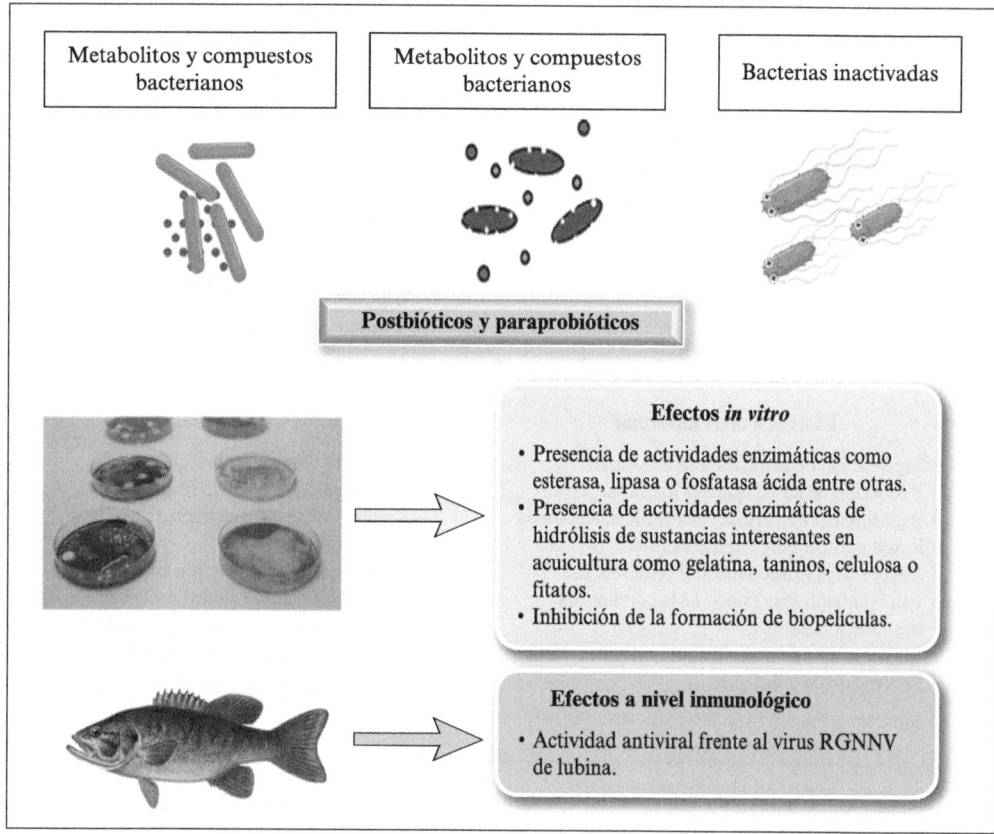

Figura 7.3. Efectos de *Shewanella* sp Pdp11 como postbiótico y paraprobiótico.

7. COLABORACIÓN INTERDISCIPLINAR EN EL ESTUDIO DE NUEVOS «-BIÓTICOS»

El desarrollo de postbióticos y paraprobióticos requiere de personas expertas en diferentes áreas, siendo un área de estudio transversal y multidisciplinar, entre el que destaca la presencia de profesionales de la microbiología, fundamentales para identificar, caracterizar y seleccionar las cepas microbianas adecuadas para la producción de postbióticos. Desde la microbiología también se estudian los efectos de los metabolitos producidos por estas cepas. Los biotecnólogos, esenciales para el futuro desarrollo y optimización de los procesos de producción de postbióticos, incluyendo la fermentación microbiana y la extracción de metabolitos bioactivos. También los químicos y químicas pueden estar involucrados en la identificación y cuantificación de los metabolitos producidos por las cepas microbianas. Además, tienen una gran relevancia el personal técnico de bioinformática para el análisis de datos genómicos y metabólicos y entender mejor los mecanismos de acción implicados. Igualmente,

© Ediciones Pirámide

juegan un papel esencial las personas expertas en ciencias de los alimentos, que pueden contribuir a la formulación y estandarización de productos a los que pueden añadirse los postbióticos. Por último, resulta esencial contar con el personal de veterinaria y profesionales implicados en la salud animal para estudiar los efectos en la salud y el bienestar de los animales receptores, así como evaluar la mejora de la producción animal, entre otros.

8. ALIANZAS Y COLABORACIONES PARA EL FUTURO DE LA INVESTIGACIÓN ACUÍCOLA

Para la producción de postbióticos se pueden establecer colaboraciones con diversas empresas o entidades, como aquellas relacionadas con la acuicultura, ya que podrían estar interesadas en colaborar en la investigación y desarrollo de postbióticos, para mejorar la salud y el rendimiento de los organismos acuáticos en sus instalaciones. En este trabajo han participado numerosas universidades y centros de investigación. Entre ellas, la Universidad de Murcia con la doctora M.ª Ángeles Esteban Abad (Departamento de Biología Celular), en Cádiz con el doctor Juan Miguel Mancera Romero (Departamento de Biología, Facultad de Ciencias del Mar y Ambientales) y de Almería con el doctor Francisco Javier Alarcón López (Departamento de Biología y Geología, Escuela Superior de Ingeniería). En esta última además se ha colaborado con la empresa Lifebioencapsulation, S. L., que proporcionan experiencia científica y técnica, así como acceso a instalaciones y equipos especializados para la adición de postbióticos al pienso. Igualmente, se ha colaborado con investigadores de la Universidad de Málaga. De manera concreta, con la doctora Esther García Rosado, la doctora M.ª Carmen Alonso Sánchez (Departamento de Microbiología, Facultad de Ciencias) y la doctora Julia Béjar Alvarado (Departamento de Genética, Facultad de Ciencias), con la Universidad de São Paulo, donde se encuentran los doctores María José Tavares Ranzani de Paiva, Leonardo Tachibana y Danielle Días (Instituto de Pesca del gobierno del estado de Sao Paulo, Brasil) y con el equipo del Instituto Español de Oceanografía de Santander, realizando un trabajo conjunto con la doctora Inés García de la Banda y la doctora Carmen Lobo.

PARA SABER MÁS

Austin, B. y Zhang, X. H. (2020). *Vibrio harveyi:* A significant pathogen of marine vertebrates and invertebrates. *Lett. Appl. Microbiol., 43,* 119-124.

Tapia-Paniagua, S. T., Díaz-Rosales, P., León-Rubio, J. M., De la Banda, I. G., Lobo, C., Alarcón, F. J., Chabrillón, M., Rosas-Ledesma, P., Varela, J. L., Ruiz-Jarabo, I., Arijo, S., Esteban, M. A., Martínez-Manzanares, E., Mancera, J. M., Balebona, M. C. y Moriñigo, M. Á. (2012). Use of the probiotic *Shewanella putrefaciens* Pdp11 on the culture of Senegalese sole (*Solea senegalensis,* Kaup, 1858) and gilthead seabream (*Sparus aurata* L.). *Aquaculture International, 20,* 1025-1039.

Enlaces de interés

www.fao.org

8 El calentamiento global y los bosques marinos en regiones polares

Francisco J. L. Gordillo

1. CAMBIO CLIMÁTICO Y SU IMPACTO EN LOS BOSQUES MARINOS POLARES

¿Están cambiando los ecosistemas realmente?, ¿cómo sabemos que cambian?, ¿cómo podemos saber que se debe al cambio climático y no a otras causas?, ¿dónde se pueden ver ya las consecuencias de estos cambios? El capítulo que se desarrolla a continuación responde a estas preguntas y algunas más, adentrándose con cierto detalle en uno de los ecosistemas mejor estudiados del planeta: el fiordo ártico Kongsfiorden, situado en el archipiélago de Svalbard (Noruega) y que llega a situarse a los 79° de latitud norte. Una latitud tan extrema (a tan solo 700 km del polo norte geográfico) y una biota sometida a condiciones extraordinarias proporcionan numerosas claves para entender las consecuencias del cambio, y las anticipan, pues en estas regiones polares es donde con mayor prontitud e intensidad se está acusando el aumento de temperatura.

1.1. Entendiendo de qué hablamos: cambio climático o calentamiento global

Es común que se confundan los términos «cambio global», «cambio climático» y «calentamiento global», cuando en realidad quieren decir cosas diferentes. Llamamos cambio global «al conjunto de cambios observados o pronosticados en los sistemas planetarios (clima, biosfera, océanos...) como consecuencia de una serie de actividades humanas», entre las que destacan:

- Emisión a la atmósfera de gases de efecto invernadero.
- Cambio en el uso de suelos-fragmentación de hábitats.
- Contaminación.
- Introducción de especies invasoras.

Aquí nos centraremos, principalmente, en las consecuencias del primer factor: la emisión de gases de efecto invernadero. El aumento progresivo en la quema de combustibles fósiles (carbón, petróleo), la deforestación y la ganadería extensiva, entre otras actividades, han venido elevando los niveles atmosféricos de dióxido de carbono (CO_2) y metano (CH_4). A estos gases (y otros cuantitativamente menos relevantes) se les llama gases de «efecto invernadero» porque participan en la retención de calor proveniente del sol, aumentando la temperatura media del planeta. En 2024 se estima que estos gases han contribuido a aumentar la superficie de la Tierra 1,1 °C por encima de la media que se registró en la segunda mitad del siglo XIX, período donde la Revolución Industrial aún era incipiente y para la que se tienen medidas directas de temperatura fiables (IPCC)[1]. Aunque este aumento no lo percibimos individualmente como muy significativo, la realidad es que el efecto a escala global se amplifica, pudiendo atribuirse a este aumento una mayor frecuencia e intensidad de fenómenos extremos como sequías, inundaciones, huracanes y olas de calor, que a su vez desatan otras consecuencias como, por ejemplo, una mayor frecuencia de incendios y la desaparición de especies. Este aumento de temperatura media global es a lo que se le llama *calentamiento global,* y también tiene consecuencias en los patrones climáticos a distintas escalas, tanto global como regional. La modificación de patrones y regularidades en el clima como consecuencia del calentamiento global es lo que se denomina *cambio climático,* que a su vez tiene sus propias características, como cambios en las cantidades de lluvia que recibe anualmente una región o el número de noches tropicales (con mínimas por encima de 20 °C) que se registran en una localidad. Estos cambios tienen, a su vez, consecuencias muy diversas en los ecosistemas naturales y los cultivos. Habitualmente se mencionan, no solo pérdidas en las cosechas, sino también modificaciones en los períodos de floración de numerosas especies vegetales, aumento de plagas de insectos, favorecimiento de especies invasoras, etc. El resultado de todos estos cambios mencionados, junto con los otros factores comentados de deterioro del medio natural, ha provocado un estado de preocupación en la sociedad que en algunos casos se vive como una auténtica situación de alerta que afecta principalmente a las generaciones más jóvenes.

La violación continua de los límites de resiliencia de los ecosistemas se impone como una amenaza a la supervivencia de la especie humana para aquellos que entienden que de la una dependen los otros. Esta afectación emocional se ha reconocido como un tipo de angustia vital y ha recibido el nombre de *solastalgia.*

Desde el punto de vista de la labor científica, la población debe esperar que se aporte información del grado real de afectación y las proyecciones para el futuro en distintos escenarios de emisiones de gases de efecto invernadero. En este ámbito, son décadas ya las que se llevan haciendo investigaciones de todo tipo y que van quedando recogidas tanto en los informes del IPCC como en miles de publicaciones académicas especializadas, de las que se nutren no pocos libros de divulgación y portales web de prestigio como *Skeptical Science.* Si bien el consenso científico es prácticamente total respecto de las causas y

---

[1] El IPCC es el Panel Intergubernamental de Cambio Climático (por sus siglas en inglés) y es la mayor institución internacional que recopila los avances científicos sobre este fenómeno, elabora predicciones a futuro y ejerce una intensa labor de divulgación a la sociedad. Destacan sus informes de asesoramiento para la toma de decisiones.

© Ediciones Pirámide

los efectos del cambio climático, los esfuerzos negacionistas impulsados principalmente por las industrias del carbón y del petróleo han conseguido imponer en buena parte de la sociedad la idea de que la ciencia no tiene tan claro si el cambio es cierto o no, o si las causas pueden ser atribuidas a la actividad humana.

1.2. Las regiones polares y sus ecosistemas

Pero ¿cómo podemos estar seguros de que la causa de los cambios es el aumento de temperatura? Desde el punto de vista de la experimentación científica, idealmente deberíamos poder observar un ecosistema en el que el aumento de la temperatura sea el único o, al menos, el principal cambio ambiental percibido por los organismos. Dependiendo de la zona del planeta que consideremos, puede que haya una mayor afectación sobre las poblaciones de los ecosistemas por la fragmentación de hábitats (el caso del lince ibérico), o por la contaminación (el caso de la desaparición de abejas). En estos casos es muy difícil evaluar el componente extra de afectación que puede suponer el aumento de temperatura. Incluso, hay que tener en cuenta que la propia temperatura no ha aumentado en todas las regiones por igual. Por poner un ejemplo gráfico, la propia Antártida, ese enorme continente que ocupa la región polar sur del planeta y que a menudo llega a abrir noticiarios por el desprendimiento de grandes masas de hielo, tiene zonas donde la cantidad de hielo está aumentando. Es decir, el calentamiento global no es uniforme y afecta más a unas zonas que a otras.

La enorme oportunidad para la investigación de los efectos del calentamiento que ofrece el Ártico es doble: por un lado, en estas regiones apenas se perciben los efectos de la contaminación, ni la fragmentación de hábitat por el cambio de usos del suelo ni la introducción humana de especies invasoras. Por lo que los cambios observados se deben, fundamentalmente, al aumento de temperatura y las consecuencias asociadas a este, como el deshielo. Por otro lado, es precisamente en las zonas polares donde más intenso está siendo el calentamiento. El Ártico, de media, se ha calentado casi cuatro veces más rápido que el resto del planeta y una situación parecida padece la península antártica. Dentro de la vasta zona que supone la región polar ártica, debemos ahora centrarnos en el fiordo que nos servirá de modelo de estudio, el Kongsfjord del archipiélago de Svalbard.

Los registros de temperatura para el Kongsfjord demuestran que esta zona se ha ido calentando a un ritmo muy superior a la media del planeta. La media anual ha aumentado 4 °C tan solo en los últimos 30 años. El aumento es más drástico si se miran las diferencias según la estación del año. El invierno es el período más afectado, con una media de 3,1 °C por década o, lo que es lo mismo, más de 9 °C en los últimos 30 años. El agua de mar tiene una gran capacidad de absorber calor, por lo que las temperaturas medidas bajo la superficie no han sido tan drásticas, con una media de 1,6 °C por década, que ya es muchísimo en comparación con otras zonas del planeta. La primera y más notable consecuencia de este calentamiento ha sido la desaparición de la capa de hielo que habitualmente cubría la superficie del fiordo desde octubre hasta mayo. En mitad de la primavera, el calor solía ser suficiente para resquebrajar el hielo superficial y dejar penetrar los rayos de sol hasta los bosques marinos. Por tanto, pasaban más de seis meses al año en completa oscuridad y sin poder hacer la fotosíntesis, es decir, sin poder crecer.

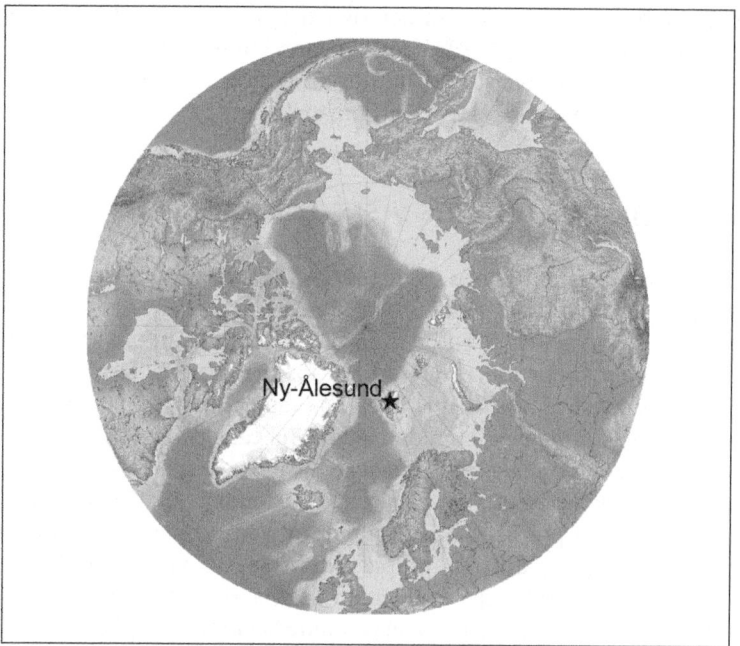

Figura 8.1. Mapa del Ártico donde se ubica el poblado científico de Ny-Ålesund, a orillas del Kongsfjord.

La desaparición de hielo en Kongsfiorden ha sido también favorecida por un aumento en la intromisión de agua del océano atlántico. Las corrientes oceánicas que rodean el archipiélago de Svalbard traen normalmente agua de mar relativamente caliente desde zonas más al sur del océano. Dependiendo de una compleja hidrodinámica, las corrientes marinas y mareas pueden inyectar más o menos agua atlántica y, por tanto, relativamente caliente, al fiordo. Las modificaciones producidas por el calentamiento global en el patrón de circulación de las corrientes oceánicas han provocado que la cantidad de agua atlántica que penetra en el fiordo sea ahora mayor que hace unas décadas. Este fenómeno se conoce como «atlantificación» y todo apunta a que alcanzó una situación de no retorno (*tipping point* o punto de inflexión) en el período de 2005-2012. Desde entonces, Kongsfjorden no se ha vuelto a congelar en invierno y los primeros rayos de sol, que llegan al fiordo a finales de febrero o principios de marzo, encuentran vía libre para penetrar en la columna de agua y llegar hasta los bosques de algas marinas.

1.3. La base de la pirámide de la vida: los productores primarios

Los llamados «productores primarios» de estos ecosistemas son esencialmente los organismos que realizan la fotosíntesis y que constituyen dos grupos principales: el fito-

© Ediciones Pirámide

plancton (algas microscópicas suspendidas en la columna de agua) y los bosques de macroalgas. Cada uno de estos grupos, o comunidades, ejercen un papel diferente para los animales que dependen de ellos. El fitoplancton aparece masivamente en forma de crecimiento acelerado *(bloom)* en el período abril-mayo, cuando las células se duplican rápidamente hasta agotar los nutrientes del agua y luego casi desaparecen el resto del año. A pesar de esta vida fugaz, constituyen la principal fuente de alimento de la cadena trófica. Los bosques marinos, sin embargo, están presentes todo el año, sirven de refugio y zona de reproducción a un ingente número de especies y tan solo el 10% de su biomasa es aprovechada como alimento. El resto se termina perdiendo en el fondo oceánico. Para el buen funcionamiento del ecosistema resulta vital que las especies que componen los bosques marinos sean capaces de sobrevivir a meses de oscuridad total sin poder realizar la fotosíntesis y, por tanto, sin poder introducir energía en el sistema. Esta supervivencia extrema en períodos prolongados de oscuridad depende de la temperatura. A mayor temperatura, el consumo de las reservas internas se acelera durante esos meses (de octubre a febrero), por lo que el calentamiento global impone una amenaza directa a la supervivencia invernal de estos organismos, como ya hemos podido demostrar[2].

Los nuevos inviernos más cálidos establecidos en el fiordo a partir del mencionado *tipping point* se caracterizan, como ya hemos dicho, por la ausencia de hielo. Esto trae una consecuencia positiva *a priori* para los bosques de algas. La ausencia de una cobertura de hielo al principio de la primavera permite que el sol penetre antes en la columna de agua. Esto ha dado lugar al crecimiento de estos bosques de alga, ya registrados en marzo. Anteriormente era necesario esperar hasta mayo para que la capa de hielo se rompiera y proporcionara suficiente luz en la columna de agua. Así que la temperatura acorta las posibilidades de supervivencia por un lado (acelerando el consumo de reservas), pero beneficia por otro (la luz llega antes a los bosques). El problema está en que, mientras que el retorno de la luz se va a seguir dando a principios de marzo, la temperatura no deja de aumentar.

¿Qué consecuencias provoca la ausencia de hielo? Si las algas de los bosques disponen antes de luz y empiezan a crecer de forma anticipada, también empezarán a consumir nutrientes del agua antes de lo que solían hacer cuando había hielo. En primavera los nutrientes del agua (fundamentalmente nitrato) se van consumiendo por el uso que hacen de ellos los productores primarios, tanto el fitoplancton como los bosques marinos (figura 8.2). El crecimiento anticipado de los bosques de algas al principio de la primavera podría dejar sin los nutrientes necesarios al *bloom* de fitoplancton que aparece más tarde. El *bloom* no puede ocurrir antes debido a que no hay horas de luz suficientes para su crecimiento masivo, por más que un aumento de temperatura pudiera favorecerlo. La duda es si, para cuando el *bloom* empiece, quedarán suficientes nutrientes en el agua, o si el bosque de algas ya los habrá consumido y el *bloom* será más discreto (escenario 1 en la figura 8.2). De hecho, lo que estamos observando es que el *bloom* sí se desarrolla, pero más tarde de lo habitual (escenario 2 en la figura 8.2). Este fenómeno podría tener implicacio

---

[2] Gordillo et al. (Frontiers Mar. Sci., 2022) demostraron que aumentar 4 °C la temperatura invernal suponía el deterioro acelerado de *Saccharina latissima* y *Alaria esculenta,* dos de las especies más comunes de algas formadoras de bosques en Svalbard, que además no recuperaban el crecimiento en primavera una vez se volvían a cultivar en condiciones de iluminación.

nes significativas para la cadena alimentaria, la calidad del agua y la biodiversidad en estos ecosistemas acuáticos.

Entonces, ¿por qué ocurre este fenómeno? Aún no lo sabemos, pero tenemos un sospechoso principal. El aumento de temperatura también tiene otros efectos en la zona. Los glaciares que rodean el fiordo pierden volumen, hay un mayor arrastre de agua que emana desde la parte baja de los glaciares y vierte al fiordo. Esto puede llevar asociada una mayor carga de nutrientes desde la zona terrestre a la marina fertilizando con nitrógeno, al menos discretamente, el fiordo. Pero esta fertilización también encuentra otro límite. La escorrentía de los glaciares genera turbidez por el aporte de partículas de barro que tiñen el fiordo de marrón en verano, lo cual hace de pantalla para los rayos solares, restringiéndose la iluminación de la columna de agua.

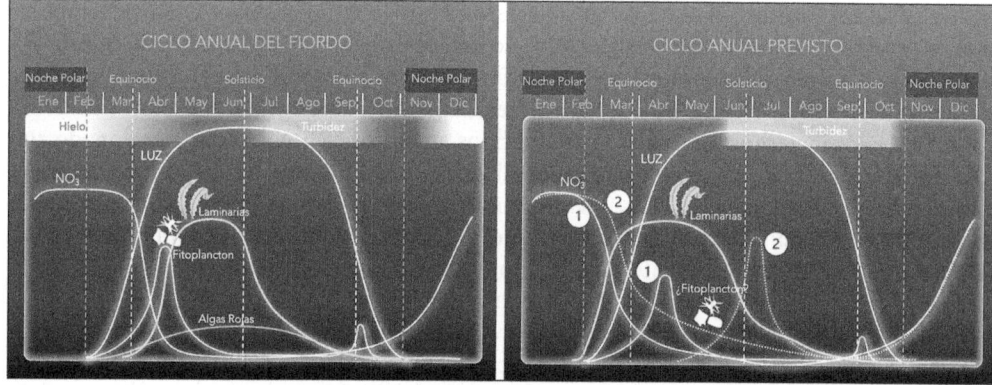

Figura 8.2. Ciclo anual habitual y consecuencias previstas por la ausencia de hielo en inviernos cálidos. Se plantean dos posibles escenarios (ver texto).

2. FITOPLANCTON Y BOSQUES DE MACROALGAS: INDICADORES DEL CALENTAMIENTO GLOBAL

Los bosques marinos del Ártico ofrecen un entorno único para el estudio de las consecuencias del aumento de emisiones de gases de efecto invernadero, ya que no se ven significativamente afectados por otros factores del cambio global. Esta circunstancia nos permite analizar con mayor claridad y precisión las implicaciones de dichas emisiones, ya que podemos estudiar su impacto sin la interferencia de otras variables ambientales.

Además, la mayor intensidad con la que se manifiesta el aumento de temperatura en estas zonas los convierten en sistemas de alerta temprana de lo que terminará ocurriendo en otros muchos ecosistemas del planeta. Es por estas dos características por lo que llamamos a estos bosques «centinelas del calentamiento global».

Además de su papel como ecosistema modelo, estos organismos también habitan en condiciones extremas, especialmente los organismos fotosintéticos, que deben sobrevivir largos períodos de tiempo en total oscuridad. Las características fisiológicas y genéticas

© Ediciones Pirámide

con las que la evolución ha dotado a estas especies son *per se* de suma importancia para la biología. Por ejemplo, los sistemas de gestión del carbono singulares descubiertos en estas algas podrían utilizarse para la mejora de cultivos. Estas adaptaciones únicas podrían proporcionar información valiosa para el estudio y desarrollo de variedades de organismos más resistentes a condiciones ambientales adversas, como las altas concentraciones de dióxido de carbono en la atmósfera. Además, el estudio de estas adaptaciones podría inspirar nuevas estrategias en biotecnología agrícola para aumentar la eficiencia fotosintética y la productividad de los cultivos, lo que sería fundamental para abordar los desafíos alimentarios en un contexto de cambio climático y crecimiento poblacional.

3. TRAZANDO ESTRATEGIAS: INVESTIGACIÓN ENTRE EL KONGSFIORD Y MÁLAGA

La estrategia de investigación que nuestro grupo desarrolla es doble. Por un lado, el grueso de la actividad se desarrolla en el Kongsfiord mediante campañas de investigación que requieren desplazar temporalmente (entre tres semanas y tres meses cada campaña) personal y material al poblado científico de Ny-Ålesund, operado por el gobierno noruego. En este poblado contamos con infraestructura para la investigación, como es el Marine Laboratorium, así como pernocta y comedor común para los investigadores. Por otro lado, la Universidad de Málaga dispone de un «laboratorio polar» que permite cultivar algas y otros organismos polares a temperaturas próximas a los 0 °C. Cultivar en Málaga nos facilita no depender de los desplazamientos a las regiones polares, investigando así todo el año en condiciones simuladas, pero siempre necesitamos contrastar nuestros descubrimientos de laboratorio en el campo.

4. LOS RETOS DE LA INVESTIGACIÓN EN REGIONES POLARES

La investigación en regiones polares plantea numerosos retos al investigador por la inaccesibilidad de estas zonas y por sus propias características extremas. No se trata solo de llevar la ropa adecuada, también los aparatos deben tener una electrónica fiable a bajas temperaturas y soportar los desplazamientos en avión a los que les sometemos. La financiación es fundamental, ya que tanto el desplazamiento como la manutención de los investigadores en el Ártico así como el alquiler de las instalaciones del Marine Laboratorium son más costosos que las investigaciones habituales en el campo de la ecología. Al no contar España con instalaciones propias en el Ártico (sí que tenemos dos bases en la Antártida), dependemos también de la colaboración de organismos de investigación de otros países, que nos ceden sus infraestructuras y dan apoyo logístico. Por ejemplo, dependemos de Alemania para disponer de buceadores que nos traen las algas al laboratorio y de los noruegos para buena parte de la logística (transporte de material, compra de reactivos químicos, etc.). Todo esto obliga a contar con una planificación muy exhaustiva que generalmente comienza hasta un año antes de la campaña científica. Como anécdota, trabajar en un sitio como el archipiélago de Svalbard, donde hay más osos polares que personas, obliga también a tomar las debidas precauciones para la protección personal que incluyen el manejo de armas de fuego frente a posibles ataques.

5. LECCIONES APRENDIDAS SOBRE LOS BOSQUES MARINOS POLARES

Nuestras investigaciones en los bosques marinos de zonas polares comenzaron en 2002. Desde entonces hemos aprendido mucho. Estas especies se mostraron bastante resilientes a uno de los factores ambientales no discutidos en este capítulo, pero que también forma parte del cambio producido por los niveles de CO_2 atmosférico, como es el aumento en los niveles de CO_2 disuelto en el agua de mar. En combinación con los efectos del aumento de temperatura, se pudieron identificar especies ganadoras y especies perdedoras en el nuevo escenario climático, revelando con precisión los mecanismos fisiológicos responsables. Especies endémicas que antes encontrábamos con cierta facilidad, como las algas marinas *Devaleraea ramentacea* y *Laminaria solidungula,* ya han desaparecido. Otra especie formadora de bosques como *Desmarestia aculeata* disminuye gravemente su crecimiento a alto CO_2, mientras que *Saccharina latissima* se estimula cuando aumenta la temperatura. Estos cambios fisiológicos junto con la ausencia de hielo han permitido que, especialmente en verano y en la zona del intermareal y submareal superior, se observe un cambio en la estructura de la comunidad.

Durante el invierno hemos descubierto que *Alaria esculenta,* en total oscuridad, reconvierte tejido viejo en tejido nuevo apto para recibir los primeros rayos de luz de primavera y llevar a cabo una alta tasa de fotosíntesis. Esta reconversión de tejido era desconocida para esta especie y ha sido comprobada tanto en condiciones simuladas de laboratorio, como en poblaciones del fiordo muestreadas *in situ.* La conclusión general es que las diferentes especies tienen formas diferentes de responder al aumento de temperatura y otros factores como el CO_2. Esto cambios, junto con la desaparición de hielo, están provocando una rápida transformación en la comunidad de macroalgas formadoras de bosques. En este sentido, se observa la desaparición de especies del sistema y el retroceso de otras, un proceso que probablemente continuará en el futuro.

6. NUEVAS PERSPECTIVAS EN LA INVESTIGACIÓN DE ECOSISTEMAS POLARES

Cuando las condiciones ambientales cambian tanto, si estos cambios son sostenidos en el tiempo, es esperable ver cambios en el genoma de poblaciones nativas e invasoras, es decir, se desarrollarán nuevos ecotipos. Necesariamente estos cambios se propagarán por la red trófica afectando a la diversidad animal, por lo que será conveniente hacer un seguimiento del destino del C y los balances de biomasas. También se deben hacer estudios si-

© Ediciones Pirámide

milares en otras zonas, por ejemplo la península antártica, que está más aislada de las especies potencialmente invasoras y presenta un mayor grado de endemismos. El abordaje de los cambios en los ecosistemas polares requiere de la implicación de múltiples disciplinas. La interacción entre microbiología y oceanografía física, por ejemplo, así como el uso de nuevas tecnologías como los metagenomas, el análisis de la cobertura vegetal por drones y la integración con sistemas de boyas oceanográficas equipadas con múltiples sensores que miden en continuo complementa una investigación cada vez más compleja y precisa.

7. ALIADOS INTERNACIONALES PARA LA INVESTIGACIÓN POLAR MALAGUEÑA

Una investigación tan amplia y compleja como esta no puede ser llevada a cabo en solitario o por un grupo pequeño. En nuestro caso colaboramos con el Alfred Wegener Institut de Alemania para el apoyo logístico y el intercambio de información tanto sobre el fitoplancton como de las algas formadoras de bosques. También compartimos información con la Universidad de La Rochelle (Francia) respecto de los efectos de los cambios en los animales que se alimentan de las macroalgas. También colaboramos con el Norsk Polar Institut de Noruega, contribuyendo con nuestros datos a elaborar un gran modelo de funcionamiento del ecosistema del fiordo en su conjunto.

PARA SABER MÁS

Bartsch, I., Paar, M., Fredriksen, S., Schwanitz, M., Daniel, C., Hop, H. y Wiencke, C. (2016). Changes in kelp forest biomass and depth distribution in Kongsfjorden, Svalbard, between 1996-1998 and 2012-2014 reflect Arctic warming. *Polar Biology, 39,* 2021-2036. https://doi.org/10.1007/s00300-015-1870-1

Gordillo, F. J. L., Carmona, R. y Jiménez, C. (2022). A warmer arctic compromises winter survival of habitat-forming seaweeds. *Frontiers in Marine Science, 8.* https://doi.org/10.3389/fmars.2021.750209

Hop, H. y Wiencke, C. (eds.) (2019). The ecosystem of Kongsfjorden, Svalbard. En *Advances in polar ecology series* (vol. 2, pp. 1-20). Springer Cham. https://doi.org/10.1007/978-3-319-46425-1

Rantanen, M., Karpechko, A. Y., Lipponen, A., Nordling, K., Hyvärinen, O., Ruosteenoja, K., Vihma, T. y Laaksonen, A. (2022). The Arctic has warmed nearly four times faster than the globe since 1979. *Communications Earth & Environment, 3,* 168. 10.1038/s41561-024-01458-6

Enlaces de interés

www.ibyda.es
www.ipcc.ch
www.skepticalscience.com

9

Las montañas de Centroamérica en la encrucijada del cambio climático: el desarrollo agrario sostenible para contener las tensiones sociales

Rafael Blanco Sepúlveda y Francisco Javier Lima Cueto

1. LA CONSERVACIÓN DEL SUELO COMO EJE DE TRABAJO DE LOS PROYECTOS

La degradación del suelo por erosión hídrica es actualmente uno de los problemas ambientales más importantes a escala global y, concretamente, las montañas tropicales centroamericanas constituyen una de las regiones del planeta que se encuentran más gravemente afectadas. Esta región es particularmente vulnerable a la degradación a causa de sus características ambientales. El relieve es principalmente montañoso y se caracteriza por la presencia, en general, de pendientes muy pronunciadas. Este factor no ha sido un impedimento para la actividad agrícola, dado que hay regiones como Trifinio, un área fronteriza que comparten Guatemala, Honduras y El Salvador, donde se cultiva en laderas con pendientes que llegan a superar el 90 %. El clima de la región es muy variado, desde tropical seco a muy lluvioso. Son especialmente vulnerables las zonas con clima tropical lluvioso, con unas precipitaciones anuales en torno a los 2.000 mm, aunque pueden elevarse por encima de los 3.000 mm. A esto se suma que la región se encuentra afectada de manera recurrente por lluvias de elevada intensidad (tormentas tropicales y huracanes). Por ejemplo, el huracán Mitch (1998) dejó tras su paso amplias regiones devastadas y provocó la muerte o desaparición de cerca de 20.000 personas. Los daños materiales se estimaron en 48.000 millones de dólares. Los suelos son, en general, muy vulnerables a la degradación, especialmente cuando las tierras se deforestan por la expansión de la frontera agraria. La deforestación tiene graves repercusiones sobre el suelo: pérdida de protección frente al impacto de la lluvia y pérdida de la fuente de materia orgánica más importante. Esta última es clave, dado que provoca una disminución de la fertilidad natural del suelo, junto a un aumento de la inestabilidad estructural y una mayor fragilidad al impacto de la lluvia y la erosión.

A pesar de este frágil equilibrio ambiental, Centroamérica se encuentra sometida a una fuerte presión agraria. En las últimas décadas el aumento de la superficie destinada a la producción agraria se ha producido a expensas de la superficie forestal (figura 9.1). Según las estadísticas de la FAO, se ha perdido casi el 10 % en el conjunto de la región en las últimas tres décadas (1991-2019), a una tasa anual de −0,37 %, lo que ha supuesto una pérdida de 9,79 millones de hectáreas. Por este motivo, se considera que la deforestación, a consecuencia de la expansión de la frontera agraria, es la principal causa de degradación de los suelos, destacando la erosión hídrica, debido a las fuertes precipitaciones, como el principal proceso.

Figura 9.1. Casos de deforestación de las montañas de Centroamérica: *a*) sustitución del bosque por cultivos de café en Jinotega (Nicaragua). Las tierras agrícolas en América Central, con 125,1 millones de hectáreas, se han incrementado un 12% entre 1961 y 2017, a una tasa anual del 0,2%; *b*) sustitución del bosque por pastizales a consecuencia de la expansión ganadera en Yoro (Honduras). La cabaña bovina, la más importante en Centroamérica con 50,8 millones de cabezas en 2018, se incrementó un 115% desde 1961, una tasa anual del 1,36%.

A este aumento de la superficie agraria se añaden las mejoras que se han introducido en el sector desde la Revolución Verde de los años cincuenta del siglo xx, que han provocado un proceso creciente de intensificación agrícola y de diversificación de los cultivos, especialmente los destinados al comercio. Esta dinámica ha provocado un incremento de los impactos ambientales en el sector agrario.

Al panorama descrito se suman las consecuencias que el calentamiento global tendrá presumiblemente en la región. Los estudios del Panel Intergubernamental de Expertos sobre Cambio Climático (IPCC) sostienen que se ha producido en el conjunto de la región un aumento de la temperatura media y una mayor irregularidad e intensidad de las precipitaciones. Concretamente, se está observando un aumento de los eventos extremos de precipitaciones y sequías en las regiones lluviosas y secas, respectivamente. Interesa destacar, para los objetivos de las investigaciones que estamos realizando, que los modelos climáticos apuntan a que la región sufrirá una mayor frecuencia e intensidad de eventos lluviosos extremos, en forma de huracanes y tormentas tropicales. Este nuevo panorama climático terminará agravando los procesos de degradación de suelos.

La conservación del suelo es actualmente una prioridad a escala global y, concretamente, controlar la erosión del suelo se ha convertido en el caballo de batalla de la política internacional sobre el manejo sostenible de este recurso[1]. El grupo de investigación Análisis Geográfico Regional (HUM-776) de la Universidad de Málaga, consciente de estos objeti-

---

[1] FAO (2017). *Voluntary guidelines for sustainable soil management*. Food and Agriculture Organization of the United Nations (FAO). http://www.fao.org/3/a-bl813e.pdf

© Ediciones Pirámide

vos, emprendió en 2008 una línea de investigación en cooperación para el desarrollo agrario sostenible en Centroamérica. Los proyectos, financiados por la Agencia Andaluza de Cooperación Internacional para el Desarrollo (AACID), se han desarrollado en el marco de convenios de colaboración con dos organizaciones centroamericanas, preocupadas por el problema expuesto: el Centro Agronómico Tropical de Investigación y Enseñanza de Costa Rica (CATIE) y la Asociación Bienestar, Progreso y Desarrollo de Guatemala (ABPD).

2. EL DESARROLLO AGRARIO SOSTENIBLE COMO CLAVE DE ACTUACIÓN DE LOS PROYECTOS

La agricultura es el medio de vida de muchas familias de pequeños y medianos productores/as que viven en las montañas de Centroamérica y su sostenibilidad se ve amenazada por la degradación del suelo, el principal recurso agrícola. Circunstancia que se puede agravar en los próximos años a consecuencia del cambio climático. La irregularidad de las precipitaciones y los eventos climáticos extremos pueden terminar provocando graves consecuencias ambientales y económicas. Particularmente, los eventos lluviosos extremos pueden causar importantes impactos ambientales, destacando el incremento del riesgo de erosión, especialmente en los suelos de montaña por su mayor vulnerabilidad. Este proceso de degradación implica la pérdida de las capas más fértiles de suelo, lo que reduce la productividad de los cultivos. A consecuencia de todo esto, se espera desde el punto de vista económico una pérdida de producción agrícola en general, que afectará especialmente al maíz, el principal cultivo de autoconsumo en la región.

La sostenibilidad de la actividad agraria en las montañas de Centroamérica se encuentra, por tanto, en un precario equilibrio. Las soluciones a corto-medio plazo que podemos apuntar son dos:

a) Abandono de la actividad agraria y reforestación para evitar el incremento de los procesos de degradación de suelos.
b) Fomento del desarrollo agrario sostenible.

La primera puede parecer la más lógica, pero es la más difícil de ejecutar a corto-medio plazo. Dicha solución implica dar una alternativa económica a la población rural, que, de no existir, alimentaría el problema de la emigración internacional. La solución, sin duda, pasa por el desarrollo de una agricultura sostenible que permita controlar la erosión y asegurar la suficiencia alimentaria, lo que constituye el objetivo principal de los trabajos que hemos desarrollado.

3. ACCIONES PARA FOMENTAR EL DESARROLLO AGRARIO SOSTENIBLE

La conservación del medio ambiente ha sido, y sigue siendo, uno de los ejes estratégicos de los planes de actuación de los organismos internacionales que operan en Centroamérica. El balance que podemos hacer de los logros alcanzados es decepcionante. Una de las principales causas ha sido la implementación de medidas que no estaban adaptadas a las condiciones locales. Partiendo de esta debilidad, los proyectos que hemos desarrollado han seguido un esquema de trabajo con un doble objetivo: análisis del problema y transferencia de los resultados (figura 9.2).

El análisis del problema se realizó durante 12 años (2008-2019) en el marco de nueve proyectos financiados por la AACID. En esta etapa se analizaron los sistemas agrarios representativos de las montañas de Honduras, Guatemala y Nicaragua. Los estudios analizaron el estado erosivo de los suelos de los principales cultivos de la región, para determinar los factores de erodabilidad[2] del suelo (ambientales y de manejo agrario) mediante un método diseñado *ad hoc*[3]. El método consta de cinco fases de trabajo:

1. Reconocimiento del área de estudio, con la finalidad de: *a*) realizar un diagnóstico de la situación erosiva actual y sus posibles causas, y *b*) establecer los objetivos de la investigación.
2. Análisis del estado erosivo y de las pérdidas de suelo.
3. Determinación de los factores de erodabilidad.
4. Determinación del umbral de erosión. Este concepto es una de las aportaciones más importantes del método, dado que establece las medidas de control de la erosión mediante la determinación del valor (del factor de erodabilidad) a partir del cual se logra alcanzar un control efectivo de la erosión.
5. Y finalmente se realizó un ensayo en parcelas experimentales, en el que se aplicaron los resultados de los proyectos con el objetivo de analizar la eficacia de las medidas de conservación del suelo en cultivos de maíz.

Los resultados obtenidos permitieron también adaptar las medidas a las características geográficas del área de intervención, lo que puso las bases de la etapa siguiente, de transferencia de resultados.

La necesidad de establecer un método de estudio *ad hoc* se debe a que las montañas centroamericanas se caracterizan por presentar características ambientales heterogéneas, además de diferentes situaciones de manejo del suelo y de la biomasa en los cultivos y pastos. A todo esto se añade que muchas áreas de estudio se encontraban en zonas remotas y de difícil acceso. Por estas circunstancias, el método presenta las siguientes ventajas, comparativamente con otros:

1. Es de bajo coste, porque no requiere ninguna infraestructura ni equipo especializado.
2. Es simple y rápido de aplicar, porque se basa en la evaluación de la erosión a partir de indicadores visuales.

---

[2] La erodabilidad es una propiedad del suelo que se refiere a la susceptibilidad a ser erosionado por agentes externos (en este caso, la lluvia). Depende de diferentes factores, tanto ambientales (relieve, suelo, etc.), como antrópicos (prácticas agrarias, deforestación, etc.). Todos ellos constituyen los factores de erodabilidad del suelo.

[3] Blanco, R. (2018). An erosion control and soil conservation method for agrarian uses based on determining the erosion threshold. *MethodsX, 5,* 761-772. https://doi.org/10.1016/j.mex.2018.07.007

© Ediciones Pirámide

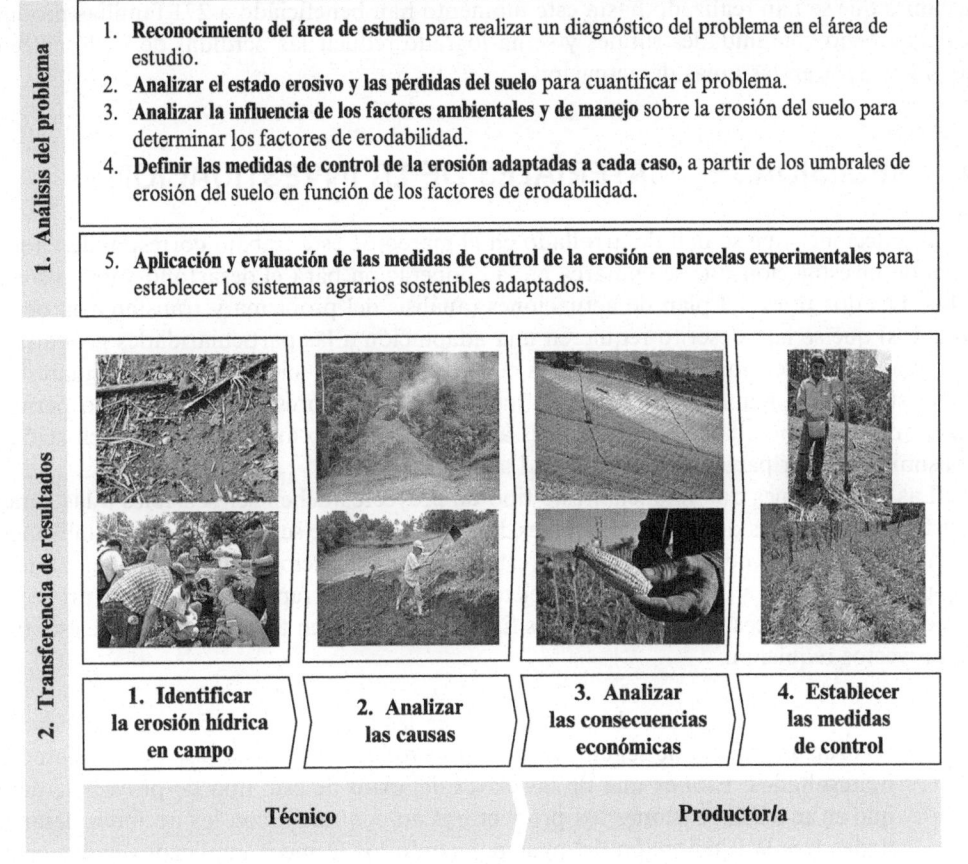

Figura 9.2. Esquema del proyecto de investigación. FUENTE: Elaboración propia (tercera imagen inferior procedente de Tierrafertil.com).

Ambas circunstancias permiten muestrear un gran número de casos, proporcionando así un volumen de datos suficiente para establecer que los resultados obtenidos son representativos del área de estudio.

Los estudios realizados permitieron entender los procesos erosivos que estaban afectando a los cultivos en las áreas de estudio. Además, se establecieron las medidas y técnicas apropiadas de control de la erosión, adaptadas a las condiciones particulares de las comunidades locales. Estas medidas son las que se han transmitido en la fase de transferencia de resultados. El método utilizado en esta fase ha sido el esquema de las escuelas de campo (ECA). Se trata de un método de aprendizaje grupal, desarrollado por la FAO en 1989, que se basa en crear un ambiente de aprendizaje donde los participantes pueden compartir, aprender y aplicar experiencias y conocimientos sobre la temática en cuestión.

Esta fase se inició en 2020 en el marco de un proyecto financiado por la AACID[4]. Las acciones que se han realizado hasta este momento han beneficiado a 271 familias productoras de ocho comunidades rurales y se ha logrado reducir las pérdidas de suelo entre el 70 % y el 87 % en las áreas de actuación.

4. NECESIDADES MATERIALES DE LA INVESTIGACIÓN

Las acciones que se han desarrollado en el marco de este trabajo corresponden a una línea de investigación que se enmarca en la cooperación para el desarrollo agrario sostenible. Las dos fases del plan de actuaciones (análisis del problema y transferencia de resultados) que se han descrito requieren una adaptación a las particularidades geográficas del área de intervención, a los diferentes cultivos y usos del suelo y a las particulares características en el manejo del suelo que hacen los productores implicados. Esto permite mejorar la sostenibilidad de las prácticas agrarias, así como aumentar la participación y la asimilación por parte de la comunidad agrícola.

Las instituciones que financian este tipo de proyectos deben ser sensibles a las características particulares de estas actuaciones, lo que no siempre se produce. Lamentablemente, las convocatorias de proyectos suelen establecer una duración muy limitada en el tiempo (uno o dos años a lo sumo) y no suelen permitir que se repitan los mismos proyectos en convocatorias sucesivas. Las entidades financiadoras deben tener presente que este tipo de proyectos requieren:

1. Una presencia continuada en el tiempo en las áreas de actuación. La finalidad es realizar un trabajo de seguimiento de los productores tras la fase de transferencia de resultados. Esta es una de las claves del éxito de este tipo de proyectos, dado que en muchas ocasiones los productores no continúan con las acciones desarrolladas tras la finalización del mismo, cuando los técnicos implicados en las capacitaciones ya no hacen acto de presencia. Para evitar estos fracasos, los proyectos de cooperación al desarrollo en materia de actividad agraria deberían contemplar una fase final de seguimiento de al menos cinco años.

2. Replicar los proyectos. Esta línea de trabajo se basa en el desarrollo sostenible a escala local, dado que se trabaja directamente con los productores agrícolas. Esta circunstancia determina que las acciones de este tipo de proyectos no concluyan con la finalización del mismo en una comunidad rural determinada, sino que es necesario replicarlo en otras, adaptándose a las particulares condiciones de cada una. Este *modus operandi* lo entienden muy bien las ONG que operan en el terreno porque es el que suelen aplicar; sin embargo, no todos los organismos financiadores lo entienden así. Estos son reacios a financiar los mismos proyectos, aunque se apliquen en comunidades rurales diferentes. Esta circunstancia obliga a los investigadores solicitantes de este tipo de proyectos de cooperación al desarrollo a un esfuerzo extra de creatividad, dado que tienen que continuar con las mismas

---

[4] Convocatoria dirigida a universidades (Orden de 24 de julio de 2020, *BOJA* núm. 146).

acciones que han iniciado en proyectos anteriores, pero estas deben parecer diferentes.

5. LA INSOSTENIBILIDAD ACTUAL DE LA ACTIVIDAD AGRARIA EN CENTROAMÉRICA: RESULTADOS DE LA FASE DE ANÁLISIS DEL PROBLEMA

Las investigaciones que se han realizado hasta la fecha abarcan un amplio espectro de sistemas agrarios representativos de las montañas de Centroamérica. Las zonas de estudio se encuentran en las montañas de Honduras (Departamento de Yoro), Guatemala (Departamentos de Chimaltenango y Chiquimula) y Nicaragua (Departamentos de Jinotega, Matagalpa y Región Autónoma del Atlántico Norte, RAAN). Se han realizado un total de 22 estudios, concretamente 10 en cultivos destinados principalmente al autoconsumo (ocho en maíz y dos en frijol), ocho en cultivos comerciales (dos en café, dos en arveja y uno en cacao, brócoli, papa y zanahoria) y cuatro en ganadería bovina de régimen extensivo.

Los resultados de las investigaciones realizadas mostraron que los factores de erodabilidad de los sistemas agrarios analizados en las montañas de Centroamérica fueron el sistema de cultivo y la cobertura vegetal de suelo (residuos vegetales y plantas arvenses[5]). Los sistemas de cultivos agroforestales, los cultivos con no laboreo y la ganadería extensiva (grupo 1) mostraron las menores tasas de erosión, le siguieron los cultivos con mínimo laboreo (grupo 2), para terminar con los cultivos con laboreo (grupo 3), donde se registraron las mayores tasas (véase figura 9.3).

El sistema de cultivo de laboreo (con arado y azadón) vs. no laboreo (espeque o chuzo[6]) ha tenido una marcada influencia en las tasas de erosión registradas. Las menores tasas de erosión en el sistema de no laboreo se deben a la mejora de las propiedades hidrológicas del suelo bajo este sistema, al favorecerse una mayor estabilidad de la estructura y una macroporosidad más elevada. Estas circunstancias facilitan la infiltración y reducen la escorrentía y las pérdidas de suelo.

La cobertura vegetal, procedente de los residuos vegetales, presentó la influencia más destacada para controlar la erosión. También ha tenido una marcada influencia la cubierta de plantas arvenses, especialmente en el sistema ganadero extensivo y en ciertos cultivos anuales. La influencia de la cobertura vegetal, como factor de control de la erosión, se debe al papel que desempeña como pantalla protectora frente al impacto de la lluvia y como obstáculo a la escorrentía superficial. La influencia es la siguiente:

---

[5] Las plantas arvenses son las especies vegetales naturales que crecen de forma espontánea en las áreas agrícolas, compitiendo con los cultivos por los recursos, como nutrientes, agua y luz solar.

[6] El espeque o chuzo es una herramienta agrícola tradicional. Se trata de un bastón de madera con punta de hierro, que se utiliza para abrir pequeños agujeros en el suelo donde se depositan las semillas. Por este motivo se considera que es una herramienta del sistema agrícola de no laboreo.

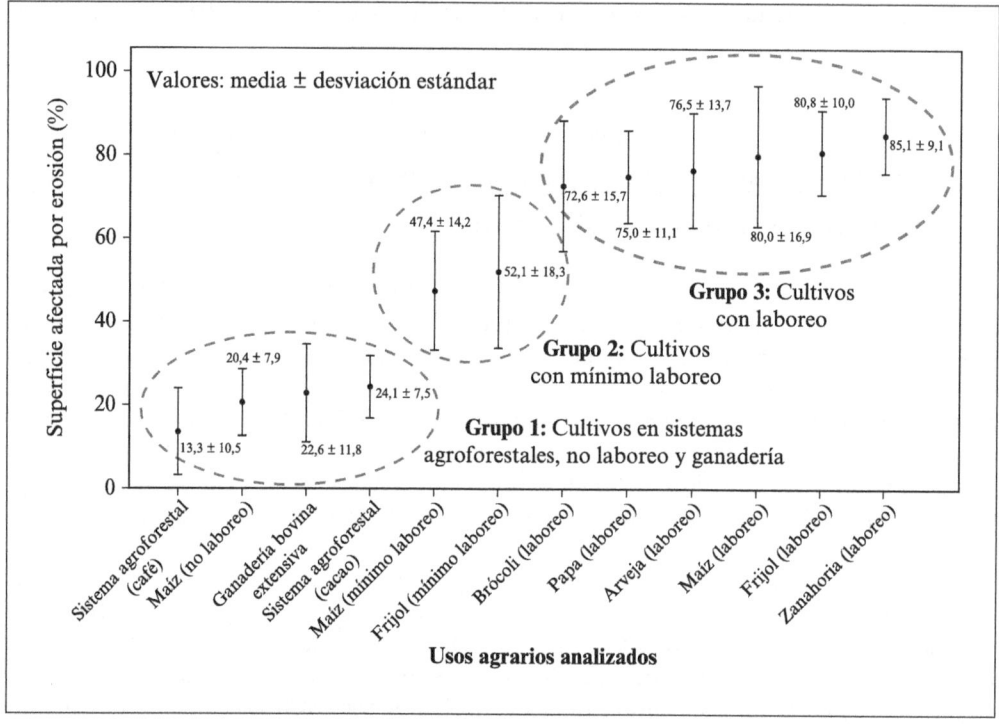

Figura 9.3. Superficie afectada por erosión hídrica en los usos agrarios analizados de las montañas de Centroamérica.

1. La vegetación intercepta las gotas de lluvia, disminuye el tamaño de las gotas y reduce o neutraliza la energía cinética que destruye los agregados del suelo y altera sus propiedades hidrológicas.
2. Reduce la velocidad de escorrentía, evitando el arrastre del suelo.

Como conclusión, los resultados obtenidos apuntan a que la solución pasa, sin duda, por la incorporación de las medidas de la *agricultura de conservación* (AC) en los sistemas agrarios de las montañas de Centroamérica. La AC se basa en dos medidas fundamentales:

1. Minimizar la perturbación mecánica del suelo: manejo agrícola del suelo con mínimo laboreo o no laboreo.
2. Mantener una cubierta vegetal permanente en la superficie del suelo.

Este es un sistema de cultivo que se ha mostrado eficaz en diferentes contextos climáticos para el control de la erosión, pero no debemos caer en el error de los proyectos de desarrollo que nos han precedido y que no han sabido adaptar el sistema a las condiciones particulares de cada uso y territorio.

© Ediciones Pirámide

6. LA IMPORTANCIA DE LA CONSERVACIÓN DEL SUELO PARA CONTENER LAS TENSIONES SOCIALES

Centroamérica se encuentra, desde hace años, en el foco de atención mediática por las tensiones sociales que recurrentemente afectan a la región. La violencia e inseguridad y las caravanas de inmigrantes que buscan el «sueño americano» detrás de las fronteras del gigante económico de América del Norte, son dos de los principales problemas sociales de la región. Las causas se suelen simplificar, aludiendo a la pobreza y a las escasas oportunidades económicas de estos países. Sin embargo, debemos sumar otras causas que suelen quedar al margen de la noticia y que tienen un trasfondo ambiental: la degradación de los suelos y la pérdida de productividad agrícola en las montañas de esta región.

Las previsiones sobre los impactos ambientales a consecuencia del cambio climático apuntan a que esta es una de las regiones del planeta en la que los eventos climáticos extremos se prodigarán con mayor virulencia. Circunstancia que agravarán los procesos de degradación de suelos que existen actualmente y, previsiblemente, pueden terminar empeorando las tensiones sociales que existen en la región.

La pérdida de capacidad productiva de las explotaciones agrarias de los pequeños y medianos productores puede terminar provocando problemas de insuficiencia alimentaria y de aumento de la pobreza, lo que favorecerá las «migraciones medioambientales», en este caso «climáticas». El flujo intranacional de estas pronto tornará a internacional ante la incapacidad de las economías locales para absorber esta mano de obra, lo que generaría importantes tensiones entre los países de la región y especialmente con Estados Unidos. Los modelos migratorios predicen un movimiento de personas de hasta 2,1 millones en el horizonte del año 2050 por causas climáticas en la región[7]. La emigración centroamericana es un fenómeno eminentemente rural. Esta región, con una población rural en 2020 de 19,2 millones de personas (el 39% de la población total), alimenta las corrientes migratorias con población que proviene principalmente de estos espacios. Las montañas tropicales de Centroamérica, como se ha indicado, son particularmente vulnerables a la degradación; pese a todo ello, sostienen una población que sigue aumentando. La población rural creció en la región un 122% entre 1960 y 2018, a una tasa anual del 1,67%.

Por tanto, de todo esto se deduce que la conservación de los suelos agrarios es una prioridad, si queremos evitar estas tensiones sociales.

7. COMPLEMENTARIEDAD Y SINERGIAS CON OTRAS DISCIPLINAS AFINES

Los proyectos de investigación para la cooperación en desarrollo agrario sostenible son por definición de carácter transdisciplinar. A partir de nuestras experiencias en este

---

[7] Kumari R. K., De Sherbinin, A., Jones, B., Bergmann, J., Clement, V., Ober, K., Schewe, J., Adamo, S., McCusker, B., Heuser, S. y Midgley, A. (2018). *Groundswell: Preparing for internal climate migration.* The World Bank. https://documents1.worldbank.org/curated/en/846391522306665751/pdf/124719-v2-PUB-PUBLIC-docdate-3-18-18WBG-ClimateChange-Final.pdf

tipo de proyectos hemos podido constatar la utilidad de un enfoque holístico de trabajo para el éxito de las actuaciones. En nuestros proyectos hemos trabajado con el personal de las ONG, especialmente ingenieros y técnicos agrícolas, con los que hemos mantenido una relación biyectiva. Por una parte, este personal, a través de sus experiencias a pie de terreno, proporciona una importante información a partir de la cual podemos conocer la realidad económica y social de las comunidades rurales. Esta información no es baladí porque permite adaptar nuestras investigaciones a las necesidades reales de las comunidades rurales. Es importante destacar que la información que proporcionan no suele ser accesible a través de las estadísticas oficiales, sencillamente porque no suelen bajar hasta esta escala de análisis territorial. Por otra parte, nuestras investigaciones proporcionan al personal de las entidades con las que trabajamos medidas y herramientas para solucionar los procesos de degradación de suelos y de pérdida de fertilidad. Esta circunstancia permite a los facilitadores de las ONG proponer medidas fiables y argumentar su efectividad con criterios científicos.

8. ORGANISMOS COLABORADORES INTERESADOS EN ESTAS INVESTIGACIONES

Las actuaciones de este proyecto, basadas en la investigación para la cooperación, han tenido como meta establecer medidas de conservación de suelos con la vocación de la transferencia de resultados. Con este propósito, las investigaciones y los planes de transferencias de resultados se han realizado en concomitancia con las actuaciones de una organización local, la Asociación Bienestar, Progreso y Desarrollo de Guatemala (ABPD); y de dos organizaciones internacionales, el Centro Agronómico Tropical de Investigación y Enseñanza de Costa Rica (CATIE) y Acción Contra el Hambre (ACH).

ABPD es un organismo con sede en Chimaltenango (Guatemala) que promueve los servicios integrales de desarrollo para mejorar el bienestar de las familias con escasos recursos, especialmente en áreas rurales de etnia maya. Su trabajo se enfoca principalmente en la disminución de la desnutrición crónica entre las niñas y niños menores de cinco años, lo que constituye el principal problema de salud en el país. Afecta al 46,5% de los menores, aunque en el área de intervención de ABPD estos valores alcanzan el 65%. Guatemala es el sexto país del mundo con los peores índices de desnutrición crónica infantil y el peor de toda Latinoamérica. Por este motivo, ABPD lleva desde hace más de una década implementando un programa integral que trata de reducir las causas de este complejo problema. Entre las medidas más importantes, por su afinidad con los objetivos de nuestro trabajo, destacan la producción sostenible de alimentos, el desarrollo de huertos familiares orgánicos, la cría de ganado, la mejora de la producción de maíz y frijol, base de la alimentación en las comunidades rurales de este país, y la adaptación de las técnicas de cultivo a las nuevas condiciones climáticas.

CATIE es un organismo internacional que se dedica a tareas de educación, investigación, desarrollo y transferencia de conocimientos, para promover el desarrollo sostenible de la actividad agraria y la conservación de los recursos naturales en la franja tropical del

© Ediciones Pirámide

continente americano. Con estos fines, trabaja en 15 países, desde México hasta Bolivia. Las líneas de trabajo más afines a las investigaciones que hemos desarrollado son la gestión sostenible de la agricultura y la ganadería, así como la generación de territorios climáticamente inteligentes para luchar contra el cambio climático.

Las actuaciones realizadas con ambos organismos se han desarrollado en el marco de diez proyectos financiados por la AACID. Nueve se han desarrollado en el marco del convenio AACID-UMA de Proyectos de Voluntariado en Cooperación Internacional; y uno se ha desarrollado en el marco de la convocatoria de subvenciones de la AACID dirigido a las universidades andaluzas (convocatoria 2020).

Acción Contra el Hambre (ACH) es una organización internacional no gubernamental que lleva trabajando desde 1979 a favor de la seguridad alimentaria y la nutrición en el planeta. Entre sus estrategias de actuación más importantes se encuentran la investigación y la transferencia de resultados para fortalecer la capacidad de los actores locales en el proceso de lucha contra el hambre. En este contexto, la organización considera clave la creación de alianzas con socios académicos por las sinergias que se pueden generar. Nuestra colaboración con ACH tuvo lugar en el proyecto «Transferencia-seguimiento-evaluación de medidas de control de la erosión del suelo para un desarrollo agrario sostenible en comunidades rurales con elevada vulnerabilidad al cambio climático en Chimaltenango (Guatemala)», financiado por la AACID en la convocatoria de 2020, antes indicada.

Por último, cabe mencionar que las estrategias de actuación de la AACID, como entidad financiadora, en el marco de los Objetivos del Desarrollo Sostenible de la Agenda 2030 de Naciones Unidas, han hecho posibles las acciones que se han descrito en este trabajo. Los objetivos de los proyectos que hemos desarrollado se encuadran en el enfoque de desarrollo humano sostenible del III Plan Andaluz de Cooperación para el Desarrollo (PACODE, 2020-2023) (*BOJA* núm. 143, de 26 de julio de 2019). Concretamente corresponde con la meta «poner fin al hambre, lograr la seguridad y soberanía alimentaria, la mejora de la nutrición, así como la promoción de una agricultura sostenible y procesos productivos y agrícolas resilientes [...], con especial apoyo a la agricultura familiar y campesina». Asimismo, los proyectos desarrollados se alinean, conceptual y territorialmente, con los objetivos marcados por el próximo IV PACODE (2024-2027), que se encuentra en este momento en trámites de consulta y que articulará acciones en torno a objetivos relacionados con la generación de procesos de desarrollo en los países prioritarios de la cooperación andaluza. En el mismo se reconoce que los desastres relacionados con el clima, como huracanes, sequías, incendios e inundaciones, son cada vez más frecuentes e intensos en América Latina, de ahí la importancia de la región para el nuevo PACODE.

PARA SABER MÁS

Blanco, R., Enríquez, F. y Lima, F. (2021). Effectiveness of conservation agriculture (tillage vs. vegetal soil cover) to reduce water erosion in maize cultivation (Zea mays L.): An experimental study in the sub-humid uplands of Guatemala. *Geoderma, 404,* 1-11. https://doi.org/10.1016/j.geoderma.2021.115336

Blanco, R., Lima, F. J., Enríquez, F. y Aguilar, A. (2023). Investigación para la cooperación en materia de desarrollo agrario sostenible y control de la erosión hídrica en las montañas de Centroamérica con fuerte presión antrópica. En S. Cabrera, J. J. Delgado, N. Fernández y J. Martínez (eds.), *Universidades y Agenda 2030. La cooperación universitaria andaluza comprometida con los ODS* (pp. 922-934). Comares. https://accesoabiertocomares.com/index.php/coa/catalog/view/42/82/668

Blanco, R., Lima, F. y Aguilar, A. (2024). An assessment of the shade and ground cover influence on the mitigation of water-driven soil erosion in a coffee agroforestry system. *Agroforestry System.* https://doi.org/10.1007/s10457-024-00989-6

© Ediciones Pirámide

10 Analizando y fomentando emprendimientos sostenibles: promoviendo soluciones en un planeta azul

*Juan Carlos Tójar-Hurtado, Leticia C. Velasco-Martínez,
Clotilde Lechuga Jiménez y Juan José Arjona-Romero*

1. SOSTENIBILIDAD Y EMPRENDIMIENTO EN LAS ASIGNATURAS UNIVERSITARIAS

La sostenibilidad y el emprendimiento son dos conceptos que las universidades quieren incorporar en sus políticas y acciones transversales. Por un lado, la emergencia climática, reconocida y declarada por organismos científicos e instituciones supranacionales (como, por ejemplo, Naciones Unidas), pero también por parlamentos de múltiples estados y universidades de todo el mundo. La sostenibilidad nos reclama diseñar planes y hojas de ruta que permitan, a quienes habitamos el planeta Tierra, vivir de una manera digna, sin comprometer los recursos de las generaciones futuras. Por otro lado, el emprendimiento, una necesidad trascendental, en una sociedad que precisa de personas y grupos que promuevan y emprendan proyectos vitales. Estos emprendimientos, desde el punto de vista del bien común, deben hacer mejorar la vida de la gente y de las comunidades que habitan nuestro planeta.

Ambos conceptos, sostenibilidad y emprendimiento, son perfecta y necesariamente compatibles. Se puede hablar de *emprendimientos sostenibles,* dentro de una nueva economía azul, como sugiere el pensador Gunter Pauli[1]. Para este emprendedor, la imagen del planeta azul (tal y como se ve desde la Luna) debe inspirarnos a promover unas relaciones *económicas circulares,* como ocurre en la naturaleza, donde todo convive en sistemas ecológicos en equilibrio, donde los recursos son renovables y los residuos aprovechados en sistemas circulares.

Las universidades en sus políticas y acciones ya están promoviendo la sostenibilidad y el emprendimiento desde el punto de vista institucional (reconocimientos y premios, con-

---

[1] Pauli, G. (2010). *The blue economy.* Paradigm Pubns [trad.: Pauli, G. (2011). *La economía azul: 10 años, 100 innovaciones, 100 millones de empleos. Un informe para el Club de Roma: 115 (Metatemas).* Tusquets Editores]. Pauli, G. (2017). *The blue economy 3.0: The marriage of science, innovation and entrepreneurship creates a new business model that transforms society.* Xlibris Corporation.

vocatorias de ayuda para fomentar emprendimientos e investigaciones sobre sostenibilidad...). No obstante, la integración de ambos conceptos en las aulas, en las materias universitarias de las diferentes ramas de conocimiento, de manera transversal, es todavía una «asignatura pendiente».

A pesar de ello, en la propia universidad está la solución a este problema. Tras los cambios promovidos en el proceso de Bolonia, los programas y planes de estudio de todas las titulaciones deben expresarse, y llevarse a cabo, educando por *competencias;* esto es, promoviendo aprendizajes en el estudiantado para que resuelvan problemas reales relacionados con su titulación, poniendo en juego diversos tipos de recursos (conocimientos, junto con habilidades y actitudes). Así, por ejemplo, una estudiante que quiera comunicarse con otra persona en un idioma diferente no solo tiene que tener conocimientos de esa lengua extranjera (vocabulario, gramática...), tiene además que haber desarrollado ciertas habilidades comunicativas y una adecuada actitud, de manera que la comunicación con la otra persona en su idioma sea efectiva. La misma necesidad de aprender por competencias se produce, por ejemplo, si un profesional de la medicina tiene que hacer un diagnóstico de lo que le ocurre a una persona con alguna dolencia. No solo tiene que tener conocimientos (síntomas, enfermedades, fisiología...), sino que tiene que haber desarrollado ciertas habilidades y destrezas, y una actitud profesional adecuada que le permita responder exitosamente a la situación compleja a resolver. En cada titulación existen competencias específicas, pero también otras más generales o transversales (empatía, trabajo en equipo, liderazgo...), que además son necesarias en las diversas titulaciones. Precisamente en estas competencias transversales es donde se produce una interesante confluencia con la sostenibilidad y el emprendimiento. Existen competencias transversales que pueden ser comunes, tanto al emprendimiento sostenible como a las titulaciones de las diversas ramas de conocimiento.

Por ejemplo, en todas las titulaciones universitarias se demanda una competencia destacada: la *resolución de problemas.* Esta competencia, fundamental tanto para el emprendimiento sostenible como para diversas áreas de estudio, implica la capacidad de identificar, analizar y resolver desafíos de manera efectiva y creativa. Para ilustrarlo, consideremos a una persona que estudie ingeniería, que podría emplear la resolución de problemas para diseñar soluciones innovadoras que fomenten la sostenibilidad en el desarrollo de infraestructuras. Al emplear un método más eficiente y ecológico en la construcción, podría generar no solo ingresos para él mismo, sino también promover prácticas más sostenibles en la industria de la construcción. Estas soluciones innovadoras y sostenibles podrían reducir el impacto socioambiental de las actividades de construcción, garantizando la conservación de los recursos naturales y mejorando la calidad de vida de las comunidades locales, al promover un entorno más saludable y habitable.

En otro ámbito del conocimiento, alguien que estudie educación social podría aplicar esta misma competencia para abordar el deterioro de una zona verde vecinal como problema sociocomunitario. Al trabajar en colaboración con residentes y autoridades locales para diseñar e implementar programas de intervención, se abren oportunidades en el ámbito del emprendimiento. Estas propuestas no solo fomentan el cuidado del espacio público, promueven la participación ciudadana y mejoran la calidad de vida, sino que además benefician a la comunidad en general. Todo ello se traduce en el emprendimiento de proyectos socioambientales sostenibles, como la posible creación de iniciativas o empresas so-

© Ediciones Pirámide

ciales centradas en la mejora de espacios públicos y el fortalecimiento del tejido social local.

En ambos ejemplos (ingeniería y educación), la habilidad para resolver problemas que tienen que adquirir los estudiantes se convierte en un catalizador fundamental para generar impactos positivos tanto en el ámbito del emprendimiento como en la promoción del desarrollo sostenible de la sociedad.

Teniendo en cuenta todo esto, nuestra investigación pretende establecer:

1. Qué competencias transversales relacionadas con el emprendimiento sostenible se están trabajando en las asignaturas universitarias de las titulaciones de las diferentes ramas de conocimiento.
2. Además, identificar cuáles de estas competencias, aunque no estén recibiendo suficiente atención por el profesorado, tienen el potencial de ser incorporadas en las asignaturas, según la percepción de cada docente.
3. Y seguramente lo más importante, qué opciones considera el propio profesorado que tiene para hacer propuestas de mejora y trabajarlas en un futuro próximo (por ejemplo, en el siguiente curso académico).

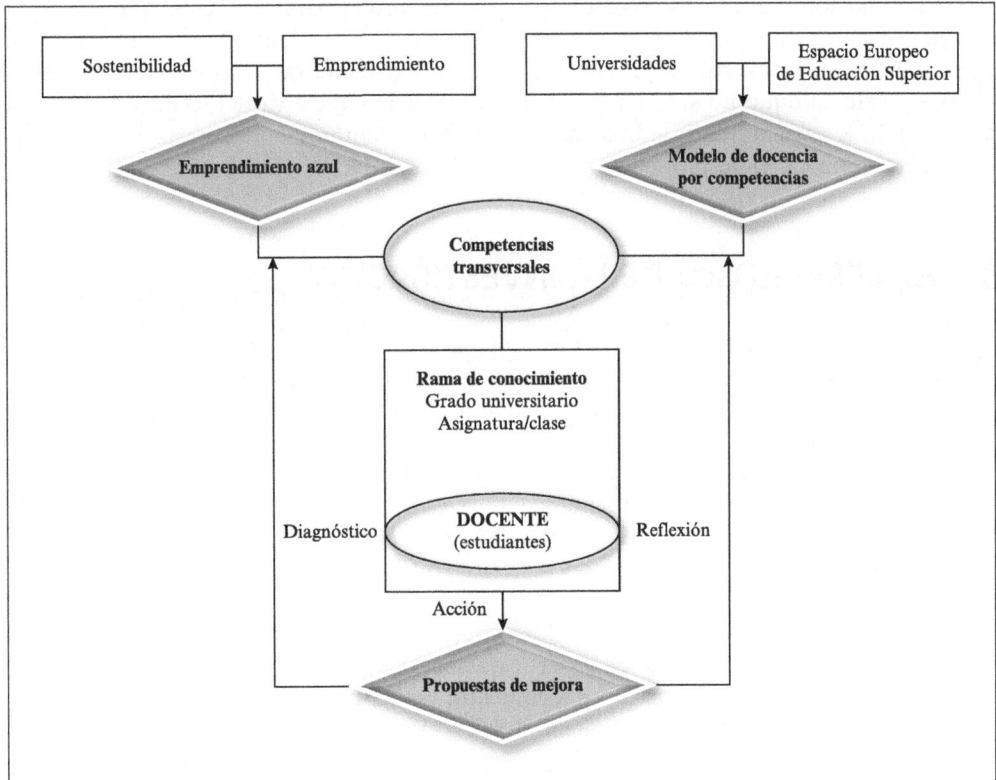

Figura 10.1. Esquema del proyecto de investigación.

2. RELEVANCIA DE LA INVESTIGACIÓN: COMPETENCIAS PARA RESPONDER A LOS DESAFÍOS DEL PLANETA

Esta investigación resulta relevante porque reconoce la necesidad de una educación universitaria que vaya más allá de la mera adquisición de conocimientos disciplinares, centrándose en el desarrollo integral de competencias que preparen a los estudiantes para los desafíos del mundo actual y futuro. Si el profesorado reflexiona sobre las competencias transversales relacionadas con el emprendimiento y la sostenibilidad, identificando cuáles se desarrollan, cuáles no se trabajan (pero podrían abordarse en sus clases, porque las considera relevantes), y establece estrategias para integrarlas, enriquece tanto las asignaturas que imparte como los aprendizajes de sus estudiantes. De esta manera, al trabajar las competencias específicas de la titulación (independientemente de la rama de conocimiento) y las competencias transversales se proporcionan recursos que permiten a los estudiantes acercarse de manera más efectiva a los entornos laborales, donde podrán aplicar y desarrollar lo aprendido durante su formación universitaria.

Se trata, por tanto, de un salto cualitativo en la calidad de las competencias trabajadas en las clases y adquiridas por el estudiantado: formar y educar teniendo en cuenta la necesaria capacitación específica y aprendizajes imprescindibles para la vida laboral e incluso personal. Invertir en competencias transversales, teniendo en cuenta la sostenibilidad y el emprendimiento, es invertir en proyectos e iniciativas generadoras de conocimiento y aplicaciones. Este enfoque no solo enriquece la experiencia educativa del estudiantado, sino que también le capacita hacia una ciudadanía activa y comprometida, capaz de contribuir de manera significativa al progreso sostenible de la sociedad en su conjunto.

3. EL DESARROLLO DE LA INVESTIGACIÓN

La investigación ha usado varios métodos para recopilar información. Unos se enfocaron sobre planes de estudio de titulaciones de todas las ramas de conocimiento de las nueve universidades andaluzas que imparten grados. Otros se centraron en el profesorado y los estudiantes.

Los primeros analizaron qué competencias se incluyen en los planes de estudio relacionadas con sostenibilidad y emprendimiento. Desde que se creó el Espacio Europeo de Educación Superior, a partir del proceso de Bolonia, todos los planes de estudio incluyen las competencias mínimas (específicas y genéricas o transversales) que los estudiantes tienen que adquirir para graduarse. Las competencias, tras el proceso de Bolonia, sobre el papel son incluso más importantes que los «contenidos», puesto que estos últimos se incluyen en ellas y se ponen en acción a partir de habilidades y actitudes. Algunas titulaciones de grado, de algunas ramas de conocimiento, tienen mayor número de competencias más relacionadas que otras con la sostenibilidad y el emprendimiento. Pero como se pudo constatar en la investigación, todas tienen algunas competencias fácilmente vinculables a los dos conceptos principales de la investigación: la sostenibilidad y el emprendimiento. Algunas competencias solo a un concepto de los dos, pero también a los dos conceptos.

© Ediciones Pirámide

Una vez analizados los planes de estudio, relativos a los grados universitarios en su conjunto, se descendió a las asignaturas. Concretamente la investigación se enfocó en el profesorado que imparte dichas asignaturas y en sus estudiantes. Al profesorado se le aplicaron dos instrumentos/encuestas en los que se les invitaba a reflexionar sobre las tareas y actividades que realizaba en clase en relación con una de sus asignaturas. La reflexión solicitada partía de revisar las competencias efectivamente trabajadas y las que, aunque no se hubieran trabajado, se podrían incluir en el trabajo en su asignatura (margen de mejora), porque fueran compatibles con su asignatura. Una vez identificadas estas últimas, se le solicitaba al profesorado que propusiera estrategias y actividades para poder trabajar a corto plazo (quizá el siguiente curso) dichas competencias (propuestas de mejora). A los estudiantes se les solicitaba a través de la encuesta que identificaran los elementos que se trabajaban en clase, sobre todo los especialmente relacionados con la sostenibilidad y el emprendimiento. Esta información ayudaba a confirmar algunas cuestiones indicadas por el profesorado y complementaba la información sobre las competencias trabajadas en el aula desde diversas perspectivas.

4. RECURSOS EMPLEADOS EN LA INVESTIGACIÓN

Para poder llevar a cabo la investigación ciertos recursos son claves. Los más importantes son sin duda los humanos, el profesorado y los estudiantes. Pero también es esencial tener acceso a documentación oficial sobre los planes de estudio de los grados universitarios. Esta información es pública y se puede acceder a ella usando varias fuentes (boletines oficiales, información en los portales de las universidades y de cada una de las facultades y centros universitarios). Se necesita disponer de observaciones del fenómeno real al que se aplicará el modelo, es decir, información sobre las variables (dependientes e independientes) incluidas en él. Esta información, combinada de manera adecuada, utilizando los principios de la inferencia estadística, nos permite llegar a expresiones cuantitativas de los parámetros y, por tanto, obtener el modelo estimado o estructura.

Para acceder a las opiniones del profesorado y de sus estudiantes es imprescindible obtener el consentimiento informado de cada persona y sector. Previamente se había obtenido una evaluación positiva del Comité Ético de la Universidad de Málaga, al que se le había presentado toda la documentación relevante del proyecto de investigación y los instrumentos que se iban a usar para recoger la información. Pero la decisión voluntaria de participar o no en la investigación depende de cada persona. Hay que señalar que en la mayor parte de los casos las solicitudes de información realizadas fueron respondidas con disponibilidad, y cuando no, se debía fundamentalmente a la acumulación de tareas en el momento del contacto (especialmente por parte del profesorado).

Además de los recursos humanos necesarios para recopilar la información, fue necesario diseñar los instrumentos, realizar pruebas piloto y validarlos. Estas operaciones exigen de una labor intensa del equipo de investigación del proyecto (formado por casi 30 personas, pertenecientes a las Universidades de Málaga, Granada, Córdoba, Cádiz, Sevilla y Pablo de Olavide), que realizaron tareas de selección de ítems, construcción y validación de los instrumentos y análisis de la información recopilada.

5. ALGUNOS RESULTADOS Y CONCLUSIONES

No en todas las asignaturas de los grados universitarios es fácil conectar aprendizajes con competencias de sostenibilidad y emprendimiento. En algunas asignaturas de algunos grados resulta más fácil ver esa relación con la sostenibilidad o con el emprendimiento, e incluso con ambos al mismo tiempo. No obstante, como los elementos que componen la sostenibilidad son tantos y tan variados en todas las asignaturas, no importa la titulación ni la rama de conocimiento a la que pertenezcan, es posible encontrar alguna conexión y posibilidades de introducir cambios en elementos, aunque solo sean unos pocos, que la mejoren. Otro tanto ocurre con el emprendimiento sostenible. En todas las asignaturas es posible, así lo constatan los propios docentes, encontrar algunos elementos que se pueden trabajar en el aula, y que promuevan un emprendimiento social y sostenible.

Docentes de diversas asignaturas, pertenecientes a distintas ramas de conocimiento y titulaciones de grado, participaron en la investigación. Esto les permitió analizar sus prácticas docentes, así como revisar las competencias vinculadas a la sostenibilidad y el emprendimiento. Al reflexionar sobre su labor docente, identificaron oportunidades para aplicar estrategias que ellos mismos propusieron, con el fin de integrarlas en sus aulas (por ejemplo, estudios de casos, aprendizaje-servicio, simulaciones de emprendimientos, colaboraciones interdisciplinares o intersectoriales, etc.). Este proceso buscó promover aprendizajes en sus disciplinas que estuvieran conectados con las competencias transversales de sostenibilidad y emprendimiento.

El alumnado de los docentes que participan corrobora (o matiza) las opiniones de sus docentes, tanto en los elementos que se trabajan como en los posibles cambios a introducir. Esta información compartida con el profesorado lleva a este último a conocer cómo es percibida su docencia por su alumnado y le ofrece pistas al profesorado para hacer más conscientes entre su alumnado las cosas que intenta trabajar y los cambios a proponer.

6. TRANSFERENCIA Y REPERCUSIONES SOCIALES DE LA INVESTIGACIÓN

Fomentar y promover la sostenibilidad y el emprendimiento sostenible en las aulas da un valor añadido a la docencia universitaria. No solo se trata de aprender una asignatura, unos contenidos disciplinares, se trata de conectar la asignatura y, por ende, la titulación con los grandes retos a nivel local y global. Y todo ello promoviendo competencias profesionales, fomentando una actitud emprendedora compatible con la sostenibilidad, un emprendimiento azul.

Como se indicó al inicio de este capítulo, las universidades, a nivel institucional, se encuentran comprometidas en cierta medida con la sostenibilidad y el emprendimiento. Pero como instituciones complejas que son, que estos conceptos se trabajen en las aulas universitarias, en las asignaturas de las diferentes titulaciones, depende finalmente de si el profesorado se compromete a trabajar en sus clases las competencias transversales corres-

© Ediciones Pirámide

pondientes o no. Con el proyecto puesto en marcha, en el que cada día se implica más profesorado, se ha conseguido que casi 100 docentes universitarios participen activamente en la integración de competencias transversales relacionadas con la sostenibilidad y el emprendimiento en sus asignaturas. Eso significa que un buen número de docentes están reflexionando sobre sus prácticas actuales y están haciendo esfuerzos por introducir cambios viables en sus asignaturas trabajando competencias que promueven el emprendimiento sostenible. Hablar de 100 grupos de docencia, si se establece una media de estudiantes por grupo de 50, supone que alrededor de 5.000 estudiantes, de las diversas ramas de conocimiento, de nueve universidades diferentes, están trabajando en alguna de estas competencias. El impacto social y económico a medio plazo es más difícil de estimar, pero la semilla de un emprendimiento desde la economía azul se ha plantado en muchas aspiraciones futuras.

Finalmente, también consideramos que, para potenciar el impacto de este proyecto, es necesario reconocer que su éxito no puede recaer únicamente en el compromiso individual del profesorado. Además, se requiere un respaldo institucional sólido y la creación de entornos favorables que faciliten la implementación de estas prácticas educativas innovadoras. Esto implica la asignación de recursos adecuados, tanto financieros como logísticos, para el desarrollo de programas de formación docente, la creación de materiales didácticos específicos y el establecimiento de espacios de colaboración entre los diferentes actores involucrados en la comunidad universitaria. Asimismo, es crucial promover una cultura organizacional que valore y fomente la integración de la sostenibilidad y el emprendimiento en la enseñanza y el aprendizaje. Solo mediante un enfoque integral que combine el compromiso individual del profesorado con un sólido respaldo institucional se podrá garantizar el éxito y la sostenibilidad a largo plazo de esta iniciativa educativa.

7. ESPACIOS COMPARTIDOS DE TRABAJO ENTRE PROFESIONALES Y DOCENTES DE MUY DIVERSAS DISCIPLINAS

En el equipo de investigación ya están trabajando profesionales de diversos ámbitos científicos: educación, psicología, psicopedagogía, biología, ciencias ambientales, ingeniería industrial, sociología, economía, comunicación..., y se ha conseguido además la colaboración en la investigación de otras personas de diferentes universidades y de todas las ramas del conocimiento (ciencias de la salud, ciencias, ingeniería y arquitectura, ciencias sociales y jurídicas, y arte y humanidades). La colaboración de docentes de todas las áreas y disciplinas, y de más universidades, es necesaria dada la vocación de propagación y amplificación que tiene el proyecto. Las necesidades y problemáticas son similares en todas las universidades, y los retos también comunes en todas las sociedades.

La sostenibilidad, el emprendimiento e incluso la docencia son elementos transversales que precisan de actitudes y compromisos inter y transdisciplinares de abordaje para una educación superior integral que atienda a retos locales con perspectivas de análisis globales.

8. COLABORACIONES CON OTRAS ENTIDADES

En el equipo actual del proyecto participan docentes de seis universidades (Málaga, Granada, Cádiz, Córdoba, Sevilla y Pablo de Olavide). Durante el proceso de desarrollo de la investigación se han ido incorporando docentes de dos universidades más (Huelva y Jaén), por lo que el mapa de todas las universidades públicas andaluzas que imparten grados oficiales está completo. No obstante, sería interesante que más entidades públicas y privadas se incorporaran a la misma. El margen de colaboración y participación activa es grande si se incluyen universidades privadas de Andalucía y otras universidades y entidades (públicas y/o privadas) de España, e incluso de otros países. Actualmente se trabaja en el diseño de un proyecto europeo que incluya varias entidades con similares intereses de promoción de la sostenibilidad y el emprendimiento azul-sostenible.

PARA SABER MÁS

Lechuga-Jiménez, C., Barroso, M. B., Alastor, E. y Tójar-Hurtado, J. C. (2024). Promoting social and blue entrepreneurship and sustainability skills in higher education by transversal competencies. *Cogent Education, 11.* https://doi.org/10.1080/2331186X.2024.2309412

Poza-Vilches, M. F., Martín-Jaime, J. J. y Arjona-Romero, J. J. (2023). Diagnosis of blue and sustainable entrepreneurship in university education in Spain: A case study. *Journal of Teacher Education for Sustainability, 25,* 98-115. https://doi.org/10.2478/jtes-2023-0007

Tójar-Hurtado, J. C., Arjona-Romero, J. J., Lechuga-Jiménez, C. y Velasco-Martínez, L. C. (2023). Herramientas para la evaluación y el desarrollo de la Agenda 2030 en las aulas universitarias desde la sostenibilidad y el emprendimiento azul. En S. Cabrera Yeto, J. J. Delgado Peña, N. Fernández Pérez y J. Martínez-García (eds.), *Universidades y Agenda 2030. La cooperación universitaria andaluza comprometida con los ODS* (pp. 202-214). Comares.

Tójar-Hurtado, J. C. y Arjona-Romero, J. J. (2022). La ética y la responsabilidad social corporativa en las competencias de los grados universitarios en Andalucía. En A. B. Barragán-Martín, M. M. Molero-Jurado, M. M. Simón-Márquez, A. Martos-Martínez y M. C. Pérez-Fuentes (coords.), *Innovación docente e investigación en educación y ciencias sociales: experiencias de cambio en la metodología docentes* (pp. 193-202). Dykinson.

Velasco-Martínez, L. C., Estrada-Vidal, L. I. y Tójar-Hurtado, J. C. (2022). La sostenibilidad curricular en la universidad como respuesta al cambio climático. En P. A. Meira, M. L. Iglesias, M. C. Morán, G. Vargas y M. Arto (coords.), *A educación para o cambio climático no sistema educativo* (pp. 393-404). Aldine Editorial.

Enlaces de interés

www.eiseis.es
www.ibyda.es

© Ediciones Pirámide

11

Itinerarios educativos para la sostenibilidad en el campus universitario de Málaga

Juan Jesús Martín Jaime, Esther Mena Rodríguez, Miguel Ángel Fernández Jiménez y María Inmaculada Jiménez Perona

1. INTRODUCCIÓN

Las ciudades albergan en la actualidad más del 50% de la población mundial; por ello, el Objetivo de Desarrollo Sostenible (ODS) núm. 11 «Ciudades y comunidades sostenibles» está incluido en el documento «Transformar nuestro mundo: la Agenda 2030 para el desarrollo sostenible» de la Organización de las Naciones Unidas para la Educación, la Ciencia y la Cultura (UNESCO). Este ODS incide especialmente en el propósito de conseguir ciudades saludables y acogedoras donde se priorice el consumo responsable de energía y recursos.

Las competencias relacionadas con la promoción de la sostenibilidad están presentes en los programas de formación del profesorado y en todos los títulos universitarios de la Universidad de Málaga, ya que influir positivamente en aspectos socioambientales locales se considera un reto prioritario para la denominada «Tercera misión de las universidades» como agente de transferencia del conocimiento en el ámbito del compromiso socioambiental, expandiendo las posibilidades del currículo más allá de las materias docentes y dotándolo de aplicación práctica.

El campus universitario de Málaga forma parte del espacio urbano y puede utilizarse como un recurso de enseñanza-aprendizaje para que el estudiantado explore y desarrolle conocimientos, competencias y valores específicos relacionados con la sostenibilidad en las ciudades. Considerado como espacio abierto de uso docente que prolonga y complementa las aulas tradicionales, donde se puede observar, experimentar, investigar, plantear puntos de interés y proponer actividades que estimulen la reflexión y puesta en acción de soluciones a las problemáticas de la sostenibilidad.

Debido a su naturaleza práctica, los itinerarios educativos con un recorrido urbano pueden favorecer un aprendizaje activo y significativo, adquiriendo competencias que el estudiantado puede transferir a su vida cotidiana a través del desarrollo de habilidades como la observación, la interpretación y el sentido crítico. Es fundamental promover la curiosidad, formular interrogantes, acompañar en el descubrimiento y, si es posible, utilizar todos los sentidos para fomentar la participación y el disfrute. Además, el estudiantado puede realizar propuestas para propiciar la transformación del campus universitario de Málaga en un espacio acogedor y saludable donde se promuevan las relaciones interpersonales.

2. DESARROLLO DE LA INVESTIGACIÓN

Esta investigación está enmarcada en un proyecto[1] que aborda el reto de evaluar la efectividad de los itinerarios educativos para el desarrollo de competencias relacionadas con la sostenibilidad urbana en las asignaturas que imparte un grupo de profesorado universitario del Instituto de Biotecnología y Desarrollo Azul (IBYDA).

Estos itinerarios educativos se han realizado en asignaturas de Grado y Posgrado universitario (educación social, pedagogía, educación primaria, educación infantil, máster en profesorado, máster en educación ambiental para la sostenibilidad y máster en cultura y paz) que comparten competencias transversales relacionadas con valores asociados a la sostenibilidad y el desarrollo azul.

El profesorado participante en la investigación ha adaptado un diseño tipo de itinerario educativo temático sobre sostenibilidad urbana y lo ha relacionado curricularmente con los contenidos de sus asignaturas y sus principios metodológicos colaborativos de conocimiento-reflexión-acción. El estudiantado participa de manera activa en el trabajo de campo, en el diseño y en la valoración de los itinerarios didácticos diseñados, debatidos y puestos en común con sus grupos de clase.

Esta experiencia de investigación se ha llevado a cabo en varias fases, las cuales aparecen reflejadas en el siguiente esquema y posteriormente desarrolladas:

- *Fase de formación inicial.* Se impartió una sesión con el grupo-clase sobre el diseño y realización de los itinerarios didácticos temáticos relacionados con la sostenibilidad en las ciudades. Se propusieron estrategias para la observación y registro de datos que permitieron identificar hitos relevantes en el campus universitario como espacio urbano y recursos de interpretación para la sensibilización ecosocial.
- *Fase de trabajo de campo.* Sesión práctica de observación de aspectos relacionados con la sostenibilidad urbana mediante un recorrido por el campus universitario. El estudiantado se distribuyó en grupos reducidos y con la guía del profesorado se recopilaron de manera colaborativa datos sobre indicadores ambientales como pueden ser la calidad del aire, niveles de ruido o la amplitud y diversidad de zonas verdes. También se registró información sobre elementos urbanísticos y arquitectónicos que favorecen la movilidad, accesibilidad y usabilidad de los espacios, e incluso aspectos sociales como los equipamientos y actividades recreativas, deportivas y culturales que fomentan el disfrute y el desarrollo de relaciones interpersonales. Es importante el uso de herramientas digitales para la geolocalización de recursos relevantes de interpretación, por lo que pueden ser útiles aplicaciones como Google Earth o Green

---

[1] Proyecto «El campus universitario como recurso educativo para fomentar competencias transversales relacionadas con la sostenibilidad en las programaciones docentes». Convocatoria de Ayudas 2023/2024 a Proyectos de Mejora Docente y Coordinación en Titulaciones de Grado y Posgrado de la Facultad de Ciencias de la Educación de la Universidad de Málaga.

© Ediciones Pirámide

Maps. La información de los enclaves seleccionados incluía el nombre y la ubicación de cada sitio relevante, una fotografía representativa y una breve información.

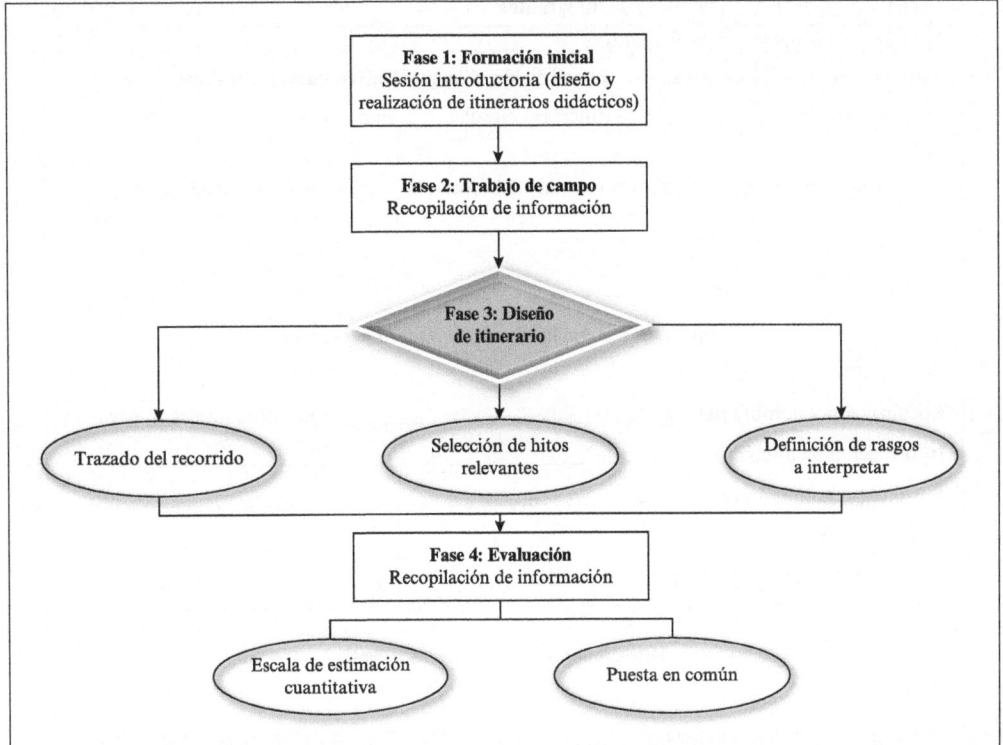

Figura 11.1. Esquema del proyecto de investigación.

- *Fase de diseño de un itinerario educativo temático sobre sostenibilidad.* Se realizó el trazado del recorrido, incluyendo la localización de los enclaves de salida y de finalización, se establecieron los hitos o paradas relevantes intermedias basándose en diferentes subtemáticas relacionadas con la sostenibilidad. Se concretó la longitud del itinerario y se realizó una estimación de su duración, dificultad y accesibilidad, que incluía un mapeo de la zona donde se ubicaron las paradas y se señalizaron los hitos o puntos de interés. Estas paradas deben numerarse según el orden establecido en el diseño del itinerario: parada inicial, paradas intermedias y parada final. Puede ser un recorrido lineal o circular. Es recomendable ilustrar cada parada con imágenes alusivas a su subtemática o a los recursos interpretativos del hito.

  Posteriormente se seleccionaron los rasgos a interpretar relacionados con la sostenibilidad mediante la propuesta de cuestiones para la reflexión y el debate. También se realizaron actividades de sensibilización con la finalidad de promover la participación de la comunidad universitaria en la mejora de la sostenibilidad del campus universitario.

FICHA DE REGISTRO DE DATOS Y DISEÑO DE UN ITINERARIO EDUCATIVO

Fecha: ____/____/____ Número de integrantes:

Nombre de las personas participantes: _____

Temática: Sostenibilidad urbana   **Localización: Campus Universitario de Málaga**

Duración prevista: _____   Itinerario circular ☐ lineal ☐

Croquis del itinerario educativo (trazado del recorrido y señalización de hitos/paradas)

Inicio del itinerario educativo. Hito o parada 1

Subtemática: _____

Localización y nombre del lugar: _____   Fotografía representativa

Información de interés: _____

Posibles preguntas a participantes: _____

Recursos necesarios: _____

Actividad o dinámica participativa a realizar: _____

Hitos o paradas intermedias y final

Subtemática: _____

Localización y nombre del lugar: _____   Fotografía representativa

Información de interés: _____

Posibles preguntas a participantes: _____

Recursos necesarios: _____

Actividad o dinámica participativa a realizar: _____

_____

Figura 11.2. Ficha de registro de datos y diseño de un itinerario educativo.

- *Fase de evaluación.* A partir del trabajo de observación y recopilación de datos realizado en grupos reducidos, de las propuestas de itinerarios y de la evaluación de la experiencia se diseñó una escala de estimación (cuantitativa), así como una puesta en común con intercambio de experiencias sobre la información más relevante aprendida sobre la sostenibilidad en entornos urbanos. También se plantearon propuestas

© Ediciones Pirámide

para promover la sostenibilidad en el campus universitario como espacio urbano de la ciudad de Málaga (cualitativa).

3. RESULTADOS

La experiencia que desarrollamos en este trabajo parte de la idea de construir ciudades más sostenibles, por ello nos hemos centrado en analizar los puntos clave que el alumnado ha destacado sobre la sostenibilidad en el itinerario educativo propuesto y realizado en nuestro campus universitario. Los resultados demostraron un enriquecimiento del conocimiento y una percepción más profunda del medio ambiente. Se adquirieron habilidades prácticas y metodológicas al participar en el diseño e implementación de actividades educativas relacionadas con el medio ambiente.

Se emplearon metodologías activas, como la «gamificación» con herramientas como Socrative y Escape Room, para hacer el aprendizaje más interactivo y estimulante. La aplicación de Socrative permitió la creación de actividades de evaluación interactivas, brindando retroalimentación inmediata y aumentando la motivación y el compromiso del alumnado. El concepto de *escape room* se adaptó al contexto educativo, promoviendo experiencias inmersivas y basadas en problemas que fomentaron la colaboración y el pensamiento crítico. Este enfoque pedagógico fortalece la capacidad del alumnado para enfrentarse a los desafíos ambientales de manera efectiva mediante la aplicación de conocimientos adquiridos en situaciones reales.

En la siguiente tabla se incluyen aprendizajes relevantes sobre sostenibilidad que ha indicado el alumnado participante en los itinerarios educativos.

TABLA 11.1

Aprendizajes sobre la sostenibilidad en entornos urbanos

Titulación	Aprendizajes sobre la sostenibilidad en entornos urbanos
Grado en Pedagogía	La actividad nos permitió explorar las instalaciones universitarias desde una nueva perspectiva, resaltando la importancia de una educación ambiental más completa en la comunidad universitaria.
Grado en Pedagogía	El campus universitario ofrece oportunidades valiosas con el cuidado adecuado de la naturaleza dentro de la ciudad.
Grado en Pedagogía	Al reflexionar sobre nuestra relación con el medio ambiente, reconocemos la importancia de enseñar y fomentar el compromiso con la sostenibilidad desde una edad temprana, para cultivar el respeto hacia la naturaleza.
Grado en Pedagogía	Se puede participar en el mantenimiento y cuidado del medio ambiente sin necesidad de salir de nuestro entorno más cercano.
Grado en Educación Infantil	Es necesario concienciarnos en la sostenibilidad como futuros profesionales de la educación.

TABLA 11.1 *(continuación)*

Titulación	Aprendizajes sobre la sostenibilidad en entornos urbanos
Grado en Educación Infantil	Creemos que es importante valorar y preservar los espacios verdes del campus universitario. Contamos con diversos recursos para promover la sostenibilidad, pero a menudo pasamos por alto la importancia de cuidar y fomentar la naturaleza en nuestro entorno.
Grado en Educación Infantil	Nos hemos dado cuenta de la importancia de la involucración de la comunidad universitaria en la solución de los problemas medioambientales.
Grado en Educación Infantil	Hemos descubierto la importancia y relevancia de habilitar enclaves saludables que fomenten las relaciones interpersonales, la accesibilidad y la realización de actividades.
Grado en Educación Primaria	Incluir más espacios verdes en el campus universitario, además de papeleras y contenedores para disminuir la basura que se tira.
Grado en Educación Primaria	Una mayor área destinada a la plantación de árboles autóctonos que aumenten y mejoren la calidad de las zonas verdes y los espacios de sombra.
Grado en Educación Social	La actividad nos ha llevado a reflexionar sobre la importancia de desechar la basura correctamente para evitar la contaminación. Es esencial reducir la cantidad de residuos y plásticos que consumimos, ya que la parte que se puede reutilizar y reciclar es mínima.
Grado en Educación Social	La sostenibilidad urbana debe ser enseñada en el currículo educativo, ya que la conciencia sobre el reciclaje y el uso de materiales respetuosos con el medio ambiente es insuficiente.

Además, el alumnado participante realizó las siguientes propuestas para promover la sostenibilidad en el campus universitario como espacio urbano de la ciudad de Málaga:

- Sensibilizar a docentes y estudiantes sobre la separación adecuada de residuos, adaptar infraestructuras para facilitar el reciclaje y utilizar papel reciclado en las actividades administrativas y académicas.
- Implementar placas solares y crear aparcamientos para la recarga de coches eléctricos en el campus.
- Crear un equipamiento para compostaje y organizar talleres sobre sostenibilidad en el huerto educativo. Promover la utilización del campus universitario para la formación y docencia.
- Promover un consumo responsable. Producir y vender zumos naturales con frutas del huerto educativo y ofrecer alimentos orgánicos en la cafetería del campus.

© Ediciones Pirámide

- Fomentar el uso del transporte público y mejorar la accesibilidad para personas con movilidad reducida. Facilitar el alquiler de bicicletas y patinetes públicos en el campus.

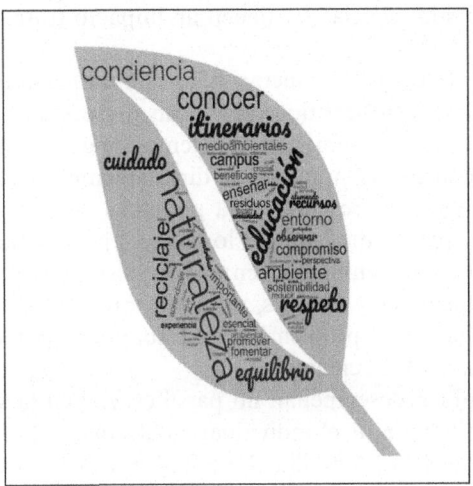

Figura 11.3. Frecuencia de palabras utilizadas por el estudiantado participante para describir su aprendizaje sobre sostenibilidad.

4. UTILIDAD DE LA INVESTIGACIÓN

El campus universitario, como microsistema urbano, es un lugar propicio para promover, investigar y difundir prácticas sostenibles. La creación de itinerarios educativos para la sostenibilidad en este entorno ofrece múltiples beneficios:

- Mejora la enseñanza, al integrar itinerarios educativos de sostenibilidad, promoviendo la actualización curricular e interdisciplinariedad.
- Facilita la coordinación entre asignaturas relacionadas, mejorando la comunicación y garantizando coherencia en los contenidos.
- Adapta currículos para integrar actividades prácticas y reflexivas sobre sostenibilidad, aumentando la conciencia y compromiso del alumnado.
- Identifica propuestas para mejorar la sostenibilidad, como el uso de energías renovables y espacios verdes recreativos.
- Impacta en la comunidad universitaria, promoviendo la conciencia ambiental y prácticas sostenibles entre estudiantes y docentes.
- Facilita colaboraciones externas con organizaciones dedicadas a la sostenibilidad, enriqueciendo las experiencias de aprendizaje del alumnado.
- Sienta bases para la sostenibilidad a largo plazo en la institución, integrando iniciativas en el plan estratégico y garantizando su continuidad.

- Genera nuevos conocimientos en educación ambiental y sostenibilidad, compartidos en conferencias y publicaciones académicas para el avance del campo.

La investigación y desarrollo de itinerarios educativos centrados en la sostenibilidad en la educación superior son esenciales y tienen un impacto trascendental en múltiples aspectos.

En primer lugar, al ofrecer estos itinerarios se está moldeando el futuro de la educación al formar a los futuros y futuras docentes. Estas personas no solo transmitirán conocimientos académicos, sino que también serán agentes de cambio al incorporar la sostenibilidad en sus prácticas educativas, impactando directamente en las próximas generaciones.

Además, estos itinerarios representan una poderosa herramienta para promover un aprendizaje experiencial que va más allá de lo teórico, permitiendo al alumnado experimentar los principios de la sostenibilidad en acción. Este enfoque fortalece la comprensión de los desafíos ambientales y sociales, y les proporciona habilidades prácticas como la investigación, la resolución de problemas y el trabajo en equipo, esenciales para abordar problemas complejos en la sociedad.

Estos itinerarios también desempeñan un papel crucial en la sensibilización y la conciencia sobre la sostenibilidad a nivel individual y colectivo. Al interactuar con proyectos y actividades centrados en la sostenibilidad, se fomenta una comprensión más profunda de la importancia de estas cuestiones en la vida cotidiana y en la sociedad en su conjunto, lo que puede llevar a cambios significativos de comportamientos y actitudes hacia la sostenibilidad.

Por último, la investigación y el desarrollo de estos itinerarios son catalizadores de la innovación y el cambio en el currículo académico. Al integrar la sostenibilidad en diversas áreas de estudio, se fomenta una cultura institucional que valore y promueva esta, inspirando nuevas formas de enseñar y aprender en todos los niveles educativos. Esta integración transversal puede tener un impacto duradero en la formación de una ciudadanía comprometida con la creación de un futuro más sostenible.

5. COLABORACIONES PARA LA AMPLIACIÓN DE LA INVESTIGACIÓN

En el conocimiento de las relaciones entre las personas y el entorno urbano intervienen casi todas las disciplinas científicas, desde lo psicológico y social a lo biológico y físico, desde las nuevas tecnologías a la creación y el arte. La transdisciplinariedad es esencial en la educación superior para abordar los desafíos de sostenibilidad, al integrar múltiples disciplinas y perspectivas. Esto implica la colaboración entre profesionales de diversos campos y docentes de diferentes disciplinas para ampliar y enriquecer esta investigación. Los espacios compartidos de trabajo son cruciales para fomentar esta colaboración, permitiendo que personas expertas en ecología, sociología, economía y educación diseñen itinerarios educativos que aborden la sostenibilidad urbana desde diversos ángulos, fomentando el intercambio de conocimientos y perspectivas para responder a la necesidad de enfoques integrados, ya que la transdisciplinariedad permite aprovechar al máximo la experiencia y el conocimiento de cada disciplina para mejorar el diseño de itinerarios educativos que aborden la sostenibilidad de manera holística. Asimismo, la colaboración con actores sociales como asociaciones vecinales y colectivos culturales o deportivos, empresas de hostelería y comercio e instituciones municipales, puede enriquecer los itinerarios educativos con recursos y experiencias adicionales.

6. CONCLUSIONES

Los itinerarios educativos propician que el estudiantado universitario se sensibilice sobre la importancia de implicarse y comprometerse en la transformación de los espacios urbanos en enclaves saludables e inclusivos donde se fomenten las relaciones interpersonales. Los itinerarios urbanos no son simples rutas que sirven para identificar y describir los elementos que conforman el campus universitario, sino que deben propiciar un aprendizaje crítico y responsable en el alumnado que le ayude a comprender las problemáticas del entorno y les permita actuar ante las dificultades y desafíos de la sostenibilidad urbana. Estos itinerarios educativos pueden propiciar un sentimiento de pertenencia y compromiso con el mantenimiento y cuidado del campus universitario como espacio urbano comunitario, promoviendo una cultura universitaria comprometida con la sostenibilidad de su entorno. Los campus universitarios son ejemplos de cómo promover un estilo de vida respetuoso con el entorno; para ello, la sostenibilidad debe integrarse de manera efectiva en el currículo educativo universitario. Si queremos impulsar un cambio real hacia la sostenibilidad en entornos urbanos debemos llevar a cabo una gestión adecuada de residuos y fomentar el reciclaje, establecer una buena conexión con la naturaleza, involucrar a la comunidad en la conservación de recursos naturales con el fin de promover prácticas sostenibles o fomentar el uso del transporte público y las alternativas como el alquiler de bicicletas, entre otros, para concienciar a las futuras generaciones y generar un cambio en actitudes y comportamientos hacia la sostenibilidad.

PARA SABER MÁS

Arango Ruiz, S. (2020). *Educar para la sostenibilidad en la universidad: una propuesta didáctica para el fortalecimiento de competencias.* Universidad de Ciencias Aplicadas y Ambientales de Bogotá. https://repository.udca.edu.co/bitstream/handle/11158/2925/TRABAJO%20DE%20GRADO%20_SERGIO%20ARANGO.pdf?sequence=1&isAllowed=y

García-Hernández, J. S. (2020). El aprendizaje-servicio en la ciudad: un itinerario didáctico para trabajar las desigualdades socioespaciales urbanas. *Revista Biblio3W, 25,* 1-23. https://revistes.ub.edu/index.php/b3w/article/view/29255/30816

Martín-Jaime, J. J., Velasco-Martínez, L. C., Estrada-Vidal, L. I. y Tójar-Hurtado, J. C. (2022). Diseño de itinerarios educativos para evaluar la sostenibilidad en las ciudades. En M. L. Gómez-Jiménez (coord.), *Ciudades circulares y viviendas saludables* (pp. 153-163). Dykinson. https://www.dykinson.com/libros/ciudades-circulares-y-viviendas-saludables/9788411225908/

Muñoz González, D. B. (2019). *Ciudad sostenible, ciudad inteligente. Retos y oportunidades frente al ODS11-ciudades y comunidades sostenibles.* Actas del congreso virtual Desarrollo Sustentable y Desafíos Ambientales. Pensando alternativas para el abordaje ambiental, del 16 al 20 de septiembre. https://cebem.org/biblioteca/uploads/files/650e34d637b394.27131661.pdf

UNESCO (Organización de las Naciones Unidas para la Educación, la Ciencia y la Cultura) (2017). *La UNESCO avanza la Agenda 2030 para el desarrollo sostenible.* https://es.unesco.org/creativity/sites/creativity/files/247785sp_1_1_1.compressed.pdf

Enlaces de interés

http://prodiversaods.eu/
https://unesdoc.unesco.org/ark:/48223/pf0000216756

© Ediciones Pirámide

12 Explotando recursos del mar: la minería en el medio marino

M.ª Remedios Zamora Roselló

1. LA MINERÍA EN EL SIGLO XXI: DESCUBRIENDO EL POTENCIAL MINERO DEL MEDIO MARINO

La minería se encuentra en medio de una importante transformación, impulsada por la transición hacia una economía más ecológica y digital. La garantía de un suministro seguro y sostenible de materias primas es ahora una prioridad indiscutible. Eventos recientes como los conflictos geopolíticos han resaltado la vulnerabilidad de las cadenas de suministro, especialmente en la Unión Europea, donde la dependencia de terceros países es motivo de preocupación.

Es importante entender que la minería es una actividad global, ya que el comercio internacional de materias primas es fundamental para el desarrollo tecnológico y la transición hacia una economía más sostenible. Sin embargo, también tiene un fuerte impacto a nivel local, transformando radicalmente las comunidades y los entornos en los que se desarrolla. Por ello, requiere una supervisión constante por parte de las autoridades públicas.

En pocos años hemos pasado de relegar la actividad minera, especialmente la vinculada a los combustibles fósiles como el carbón, a centrarnos en la búsqueda de materias primas esenciales para nuestras tecnologías. Este cambio ha dado lugar a la adopción de nuevas normativas y políticas a nivel internacional, europeo, nacional, regional y local.

La actividad minera genera opiniones encontradas en la sociedad; mientras algunos la ven como una oportunidad de empleo y desarrollo económico, otros la rechazan debido a sus impactos ambientales y sociales. La conciencia y la oposición ciudadana han aumentado en las últimas décadas, lo que ha llevado al fracaso de numerosos proyectos mineros que no contaban con el apoyo de las comunidades afectadas.

En este contexto, es fundamental encontrar un equilibrio entre los diferentes intereses en juego, como la protección ambiental, la seguridad, la salud y el desarrollo tecnológico. Es necesario evaluar si las medidas regulatorias actuales están alineadas con estas prioridades y si se están abordando de manera efectiva los desafíos a los que se enfrenta el sector minero en la era moderna.

Recientemente se ha adoptado el Reglamento europeo sobre materias primas críticas, cuyo objetivo es asegurar que las materias primas esenciales se puedan obtener de manera competitiva, segura, resistente y sostenible. Estas materias primas son fundamentales para la transformación tecnológica y energética que se está desarrollando en la actualidad. Esta normativa se centra en fortalecer las cadenas de suministro dentro de cada Estado miembro y en trabajar con otros países para garantizar un suministro confiable.

Este Reglamento forma parte de un esfuerzo más amplio que comenzó hace algunos años en Europa. Ya en 2020 la Comisión Europea presentó un documento llamado «Resiliencia de las materias primas fundamentales». Este documento destacó la importancia de que la Unión Europea fuera autosuficiente en el acceso a los recursos para garantizar su seguridad y contribuir a la lucha contra el cambio climático. Para lograrlo era necesario diversificar las fuentes de suministro, mejorar la eficiencia en el uso de recursos y fortalecer la capacidad de obtener recursos dentro del ámbito comunitario.

Este marco normativo es aún más relevante debido a la crisis de la COVID-19, que reveló los riesgos de depender demasiado de cadenas de suministro globales y problemas logísticos; también se suma la guerra en Ucrania, que ha afectado aún más al suministro de ciertas materias primas. Por tanto, es crucial trabajar en conjunto para garantizar un suministro estable y sostenible de materias primas en Europa.

En nuestro país, el Consejo de Ministros adoptó la Hoja de Ruta para la gestión sostenible de las materias primas minerales, que refuerza la autonomía estratégica del país y la seguridad de abastecimiento de suministros clave para la transición energética y el desarrollo digital.

A nivel global, comunitario y nacional nos encontramos en una etapa de transformación del sector minero, que está recibiendo una nueva atención y experimentando un resurgir en los últimos años. Por ello, resulta esencial reflexionar y clarificar el marco jurídico y planificador de las Administraciones públicas. La ciudadanía y el sector extractivo demandan claridad para poder llevar a cabo un modelo minero que cumpla con las exigencias ambientales, sociales y económicas.

1.1. Recursos mineros en el medio marino

La riqueza mineral marina se encuentra todavía por descubrir, aún quedan muchas incógnitas sobre el potencial real de la explotación comercial de los minerales marinos. No obstante, en la actualidad nos encontramos con tres tipos de yacimientos de minerales marinos que son los que están centrando el interés comercial, puesto que ya ha sido objeto de regulación su prospección y exploración[1]:

a) Los *nódulos polimetálicos* son como pequeñas rocas redondeadas que se encuentran en el fondo del mar, a profundidades increíblemente hondas, entre 4.000 y

---

[1] Díaz-del-Río Español, V. (2024). Los recursos minerales submarinos en la zona. En M. R. Zamora Roselló (dir.), *Actividades extractivas y políticas públicas: desafíos normativos y tecnológicos para el sector minero. En clave del Reglamento UE de materias primas fundamentales*. Tirant lo Blanch.

© Ediciones Pirámide

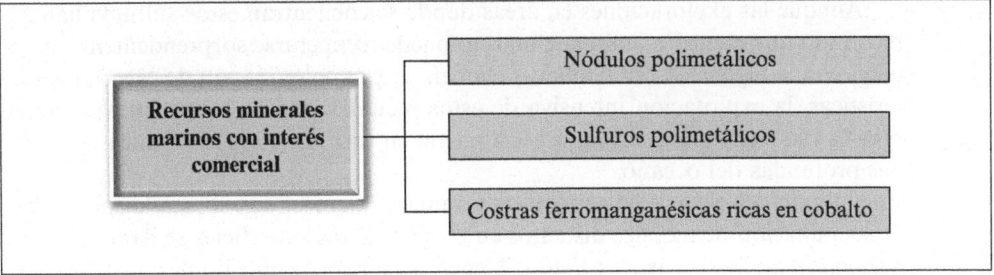

Figura 12.1. Esquema de los recursos minerales marinos que están centrando el interés de la industria en la actualidad.

5.500 metros. Se forman lentamente a lo largo de millones de años, cuando los minerales se acumulan alrededor de un núcleo duro en procesos naturales. Estos nódulos contienen una variedad de metales valiosos como cobre, níquel, manganeso, cobalto, titanio e hierro, junto con otros minerales raros. Su estructura los hace fáciles de procesar para obtener estos metales, y son muy codiciados por su abundancia en ciertas áreas del océano Pacífico. La cantidad de metales en estos nódulos puede variar según el lugar, pero en algunas áreas del Pacífico se estima que hay alrededor de 10 kilogramos de nódulos por metro cuadrado, con una cantidad considerable de manganeso, cobre, cobalto y níquel.

Sin embargo, la extracción de estos nódulos del fondo del mar puede tener consecuencias negativas para el medio ambiente. Podría causar la destrucción de hábitats marinos y aumentar la turbidez del agua debido a la remoción de sedimentos; además, podría afectar a las especies que viven en el sedimento donde se encuentran los nódulos.

b) En las profundidades del océano también nos encontramos con verdaderos tesoros formados por una mezcla de valiosos metales como oro, plata, zinc, plomo, cobre y cobalto. Estos tesoros se llaman *sulfuros polimetálicos* y se crean gracias a la actividad volcánica y a la expulsión de fluidos extremadamente calientes desde el interior de la Tierra.

Estos fluidos, cargados con los metales que arrastran, recorren largas distancias bajo el suelo marino antes de ser liberados a gran presión y temperatura en el fondo del océano. Allí se enfrían rápidamente y los minerales se depositan en el lecho marino formando estructuras únicas, parecidas a chimeneas submarinas. Estas estructuras pueden contener una variedad de minerales valiosos como pirrotina, pirita, esfalerita, calcopirita y bornita.

La composición de estos sulfuros varía dependiendo de la región geológica en la que se encuentren, pero su riqueza en metales valiosos los hace muy interesantes para la minería. A diferencia de los nódulos polimetálicos, que están esparcidos por el fondo del océano, los sulfuros polimetálicos se encuentran en lugares específicos y su disponibilidad depende de la actividad de los fluidos hidrotermales, lo que puede hacer más complicada su extracción.

Aunque las exploraciones en áreas donde se encuentran estos sulfuros han demostrado que el medio ambiente marino puede recuperarse sorprendentemente rápido, con la regeneración de nuevas chimeneas y la colonización de especies características, la explotación intensiva de estos recursos podría representar un riesgo para la biodiversidad marina, especialmente en áreas con especies únicas y en zonas profundas del océano.

c) En el fondo del océano hay superficies similares a enlosados, formadas por la lenta acumulación de metales disueltos en el agua. Estas superficies se llaman *costras ferromanganésicas ricas en cobalto*. Tienen un grosor promedio de unos 25 centímetros y pueden encontrarse en lo alto de montañas submarinas, volcanes e incluso en algunas áreas planas marinas, a profundidades que van desde los 400 hasta los 4.000 metros.

A diferencia de los nódulos polimetálicos, estas costras no se forman donde hay sedimentos que cubran las rocas. Las más gruesas se han encontrado en las cimas de montañas submarinas a profundidades entre 800 y 1.500 metros. Se forman muy lentamente, aumentando su grosor entre uno y seis milímetros por cada millón de años; y contienen una variedad de metales valiosos como telurio, cobalto, vanadio, níquel, itrio, rutenio, rodio, paladio y varias tierras raras.

La exploración de estas costras es un proceso complicado y lento. Apenas unos pocos montes submarinos han sido investigados con fines mineros, de los miles que existen en los océanos Pacífico, Atlántico e Índico.

Una de las preocupaciones más importantes sobre la explotación minera de estas costras es que podría afectar irreversiblemente a los ecosistemas biológicos que dependen de ellas. Aunque la extracción de estas costras puede ser más localizada que la de los nódulos, las especies que viven en los montes submarinos pueden estar más restringidas en su distribución, lo que las hace más vulnerables y únicas.

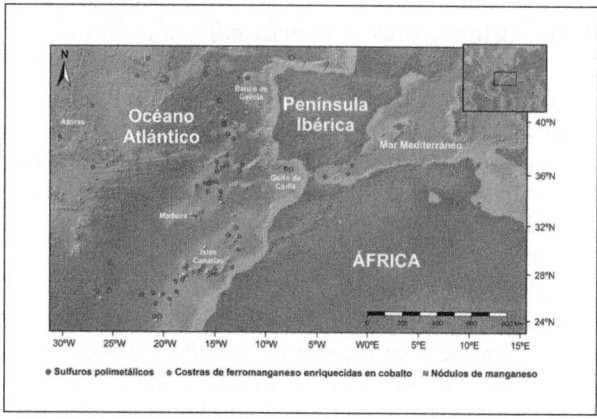

Figura 12.2. Mapa de situación de los depósitos submarinos de minerales ubicados en aguas españolas y portuguesas. FUENTE: IGME y proyecto EMODnet Geology.

© Ediciones Pirámide

2. ¿POR QUÉ ES RELEVANTE ESTA INVESTIGACIÓN?

Esta investigación surge de la necesidad de abordar un tema crucial en la actualidad: el impacto de la minería en nuestro entorno. ¿Por qué es importante? Porque nos permite reflexionar sobre cuestiones urgentes como el cambio climático, la sostenibilidad y la gestión del medio marino y el litoral. Es un tema de actualidad y con grandes repercusiones.

En lo que respecta a la minería marina, un número cada vez mayor de Estados, entre ellos España, han expresado su apoyo a una moratoria de la explotación minera de los fondos marinos, si bien no existe una voz única en Europa. Mientras nos encontramos con Estados como España, Francia o Alemania que apuestan por una moratoria, Noruega se ha lanzado a la explotación minera de su espacio marítimo. El Parlamento noruego aprobó el 9 de enero de 2024 una decisión para permitir la exploración de una zona del Ártico de 281.200 kilómetros cuadrados con el objetivo último de la posible explotación minera de los fondos marinos. Y en abril de 2024 las autoridades noruegas invitaron a los potenciales actores de la minería marina a identificar bloques de interés para una primera licitación, es decir, para el otorgamiento de los primeros permisos de explotación. Las autoridades noruegas consideran que se encuentran ante el inicio de una nueva industria en la plataforma continental del país.

Desde el Parlamento Europeo se ha expresado claramente la preocupación por esta deriva hacia la explotación de estos recursos por el Estado noruego, a la vista de las importantes lagunas de conocimiento que existen sobre sus posibles efectos medioambientales[2]. Asimismo, no podemos obviar que gran parte de la zona de exploración propuesta se sitúa sobre la plataforma continental ampliada, considerada alta mar y zona de pesca internacional, lo que compromete los intereses de la Unión Europea. Los ecosistemas del Ártico son «los guardianes del equilibrio natural en nuestro planeta», fundamentales para mantener la diversidad de especies, alimentar a las poblaciones de peces y regular el clima a nivel global. Sin embargo, estos lugares están bajo una gran presión debido al cambio climático; con el calentamiento de la Tierra, los océanos se vuelven más ácidos y más cálidos, lo que podría alterar el comportamiento de los peces y otros animales que dependen de estos ecosistemas. La extracción de minerales en el fondo marino del Ártico podría desencadenar la liberación de grandes cantidades de metano, un potente gas de efecto invernadero, que está atrapado bajo el hielo y el suelo del Ártico. Estos ecosistemas también son muy sensibles a la contaminación y otros impactos humanos, por lo que limpiar o reparar los daños en estas áreas es un gran desafío debido a las duras condiciones naturales y a las largas distancias a los puertos más cercanos.

La Comisión Europea ha subrayado la necesidad de investigaciones a largo plazo para poder evaluar realmente el impacto de la explotación minera de los fondos marinos, puesto que la exploración y la explotación mineras prematuras podrían causar daños permanentes e irreversibles a los ecosistemas. Asimismo, también ha reconocido que son necesarias más investigaciones para comprender plenamente los efectos potenciales de la explotación minera de los fondos marinos en el medio marino y la biodiversidad.

---

[2] Parlamento Europeo, resolución sobre la decisión reciente de Noruega de proceder a la explotación minera de los fondos marinos en el Ártico [2024/2520(RSP)], 31 de enero de 2024. https://www.europarl.europa.eu/doceo/document/B-9-2024-0095_ES.html

3. ¿CÓMO SE ESTÁ LLEVANDO A CABO LA INVESTIGACIÓN?

Este proyecto es emocionante porque combina el conocimiento del derecho con otras disciplinas, para resolver problemas complejos relacionados con la minería. Queremos entender cómo funciona el marco normativo y regulador en este campo y cómo puede mejorar para ser más sostenible.

Nuestra forma de trabajar comienza analizando el marco normativo y la situación actual, tanto en nuestro país como en otros lugares del mundo. Además, organizamos eventos como seminarios y charlas para compartir lo que aprendemos y discutir sobre cómo podemos hacer las cosas mejor. Por ejemplo, cada año vamos a tener reuniones donde presentaremos nuestros avances y discutiremos ideas nuevas. También vamos a tener jornadas intermedias para reflexionar sobre lo que hemos logrado hasta ahora y planificar los siguientes pasos.

Finalmente, vamos a organizar un gran congreso al final del proyecto para compartir nuestros resultados con todos los interesados, incluidos otros expertos y empresas del sector. Toda la información que recolectemos y todas las ideas que generemos se van a compartir a través de publicaciones científicas, tanto nacionales como internacionales. Queremos que nuestros descubrimientos ayuden a mejorar la forma en que se lleva a cabo la minería en todas partes.

Estamos colaborando con personas de diferentes campos científicos y profesionales de otros países, y vamos a realizar estancias de investigación para aprender de sus experiencias. Y todo lo que hagamos estará disponible para que cualquiera pueda acceder a nuestros resultados; creemos en la importancia de compartir el conocimiento, por lo que apostamos por la ciencia abierta. Queremos que nuestro trabajo no se quede solo en el ámbito académico, sino que se traduzca en acciones tangibles. Por eso, nos esforzamos por difundir el conocimiento generado por nuestra investigación entre la ciudadanía y todos los actores involucrados en la minería, como organizaciones empresariales, profesionales independientes y el sector público.

4. ¿QUÉ SE PRECISA PARA LLEVAR A CABO LA INVESTIGACIÓN?

Esta propuesta no requiere para su realización de medios materiales o de equipamiento específicos. Puesto que la coordinación de este proyecto se llevará a cabo desde la Universidad de Málaga, el equipo de investigación tiene a su disposición sus infraestructuras. Los recursos necesarios se van a centrar principalmente en la suficiente financiación para que el equipo pueda realizar las estancias de investigación, la organización de congresos y seminarios, y la realización de publicaciones siguiendo el modelo de ciencia abierta. Asimismo, sería clave la contratación de personal en formación, a través de becas o contratos de impulso a la carrera investigadora, para que el alumnado de posgrado pudiera desarrollar sus tesis doctorales en este ámbito de estudio y se fomentaran las vocaciones científicas vinculadas al medio marino.

© Ediciones Pirámide

5. OBJETIVOS Y CONCLUSIONES DE LA INVESTIGACIÓN

El análisis de la minería marina se integra en un proyecto de investigación más ambicioso en el que se estudia el sector minero en general y que se proyectó sobre los siguientes objetivos:

1. Contexto internacional y comunitario.

   — Objetivo general: ¿por qué la minería es tan importante?

     • Descripción: vamos a reflexionar sobre la minería como un sector estratégico, analizando la normativa nacional y su relación con la Unión Europea y otros países. Queremos entender las implicaciones de la autonomía estratégica de la Unión Europea en cuanto a las materias primas.

   — Objetivos específicos:

     • Estudiar las consecuencias de la autonomía estratégica de la Unión Europea en el ámbito de las materias primas.
     • Analizar las regulaciones y propuestas de otros países sobre minería.

2. Contexto nacional y autonómico.

   — Objetivo general: ¿cuáles son las debilidades y fortalezas de nuestro marco normativo y planificador?

     • Descripción: nos proponemos analizar y evaluar el marco normativo y planificador, centrándonos en las iniciativas adoptadas por las distintas Comunidades Autónomas y las tecnologías innovadoras que podrían modernizar el sector. Queremos identificar lo que funciona bien, señalar lo que no y ofrecer soluciones creativas para los desafíos que tenemos por delante.

   — Objetivos específicos:

     • Analizar la legislación estatal sobre minería y sugerir posibles mejoras.
     • Comparar las propuestas normativas y planificadoras de las diferentes Comunidades Autónomas en cuanto al sector minero.

3. Minería sostenible y circular.

   — Objetivo general: ¿cómo hacemos la minería más sostenible?

     • Descripción: nos proponemos explorar cómo hacer que la minería sea más sostenible y circular, como un modelo de actuación, gestión y control. Queremos estudiar las iniciativas ya existentes y ofrecer directrices para mejorar la sostenibilidad en el sector.

— Objetivos específicos:

  • Analizar el impacto ambiental y social de la minería en el medio marino y terrestre.
  • Estudiar la perspectiva de género en la minería y proponer formas de integrarla en la ordenación del sector.

En la actualidad estamos trabajando en definir y analizar el marco normativo y planificador, tanto a nivel autonómico como nacional. Asimismo, se han definido las prioridades para abordar la problemática minera en el medio marino desde un contexto más amplio, relacionándolo con las políticas ya adoptadas sobre ordenación del espacio marino, así como con las políticas sobre gestión del litoral.

Nuestra principal conclusión es que el impacto de la minería marina se proyectaría no solo en las aguas internacionales sino también en las aguas y el territorio bajo la soberanía nacional, por lo que es esencial establecer un modelo de ordenación y gestión del espacio marino y litoral acorde con estas propuestas. Es indispensable conocer los impactos de esta actividad antes de proceder a la concesión de permisos. Por ello, es esencial el conocimiento de la gestión de la minería terrestre y su vinculación con las políticas sobre ordenación del territorio, para aprender de esta experiencia previa y poder adoptar las políticas públicas y el marco normativo de referencia más adecuado para el ámbito marino y litoral.

6. ¿PARA QUÉ SIRVE LA INVESTIGACIÓN?

Este estudio no solo busca entender los problemas, sino también proponer soluciones desde una perspectiva académica. Es una llamada a la reflexión sobre cómo podemos gestionar de manera más responsable nuestros recursos y proteger nuestro medio ambiente. Los resultados de nuestra investigación tienen el potencial de influir positivamente en las políticas públicas relacionadas con el sector minero en el ámbito marino y litoral. Nuestro objetivo es que nuestras propuestas de reforma sean consideradas en las iniciativas legislativas y planificadoras, con el fin de mejorar la regulación del sector y promover la implementación de políticas de calidad.

Es un tema que va más allá de la simple extracción de recursos; abarca aspectos como la participación ciudadana, el desarrollo tecnológico y los retos jurídicos a los que nos enfrentamos. Además, se conecta con iniciativas de investigación a nivel europeo y es de plena actualidad, como lo demuestran las noticias que lo mencionan constantemente.

Aspiramos a contribuir a la creación de un entorno minero más justo y sostenible. Esto incluye fomentar el trabajo decente y la participación de las mujeres en la industria minera, así como reducir los impactos territoriales, marinos y ambientales mediante la implementación de controles efectivos.

© Ediciones Pirámide

7. INVESTIGADORAS E INVESTIGADORES DE OTRAS DISCIPLINAS

Este proyecto se basa en la idea de que diferentes áreas del conocimiento pueden unirse para abordar mejor los problemas. En este caso se han reunido personas expertas en derecho, ingeniería de minas, ingeniería industrial, ingeniería informática, química, oceanografía y biología para estudiar juntos cómo afectan las actividades extractivas al medio ambiente y a la sociedad.

La idea es que cada disciplina aporte su granito de arena para ofrecer soluciones completas a los desafíos que plantea la extracción de recursos naturales. Esto significa que abordarán el problema desde diferentes ángulos y trabajarán en equipo para encontrar respuestas que funcionen en conjunto.

Es como armar un rompecabezas: cada pieza es importante y necesaria para formar la figura completa. Al final, esperamos tener un panorama claro de cómo estas actividades afectan a nuestro entorno y qué podemos hacer al respecto.

8. PROYECCIÓN DE LA INVESTIGACIÓN MÁS ALLÁ DEL ÁMBITO ACADÉMICO

Esta línea de investigación ofrece una oportunidad única para colaborar en la búsqueda de soluciones integrales para los desafíos a los que se enfrenta el sector minero en la actualidad. Estamos enfocados en trabajar en estrecha colaboración con la Administración, la sociedad y el sector productivo para encontrar formas más eficientes y sostenibles de llevar a cabo nuestras propuestas.

Nuestra investigación no solo se centra en aspectos tecnológicos, sino también en la importancia de los marcos institucionales y regulatorios para facilitar la transición hacia una minería más justa y respetuosa con el medio ambiente. Creemos firmemente que la colaboración entre diferentes partes interesadas es fundamental para lograr estos objetivos.

Estamos comprometidos en comprender las necesidades y demandas de la sociedad, así como en ofrecer soluciones prácticas y aplicables a través de nuestro trabajo. Nuestro enfoque interdisciplinario nos permite abordar una amplia gama de problemas, desde la simplificación de trámites administrativos hasta la implementación de prácticas de economía circular y la gestión responsable de espacios naturales protegidos.

Nuestros resultados y recomendaciones no se limitarán a un área geográfica específica, sino que serán relevantes a nivel nacional e internacional. Creemos que juntos podemos establecer una diferencia significativa en la forma en que se opera en el sector minero, promoviendo la sostenibilidad y la responsabilidad social empresarial, así como la implicación de las Administraciones públicas.

El equipo de investigación está comprometido con el impulso de las capacidades de las organizaciones ciudadanas, profesionales y otros interesados, y en influir en las iniciativas públicas con nuestras propuestas. A medio plazo, también trabajaremos en el refuerzo de la presencia de las mujeres en la gobernanza y gestión del sector minero, así como en mejorar los conocimientos y la conciencia en todos los niveles y sectores profesionales.

En resumen, nuestro objetivo es mejorar el conocimiento de la sociedad sobre el sector minero y sus implicaciones sobre el territorio y el medio marino, y promover cambios significativos en las políticas públicas y en la práctica profesional, para lograr un sector más justo, sostenible e inclusivo.

PARA SABER MÁS

Díaz-del-Río Español, V. (2024). Los recursos minerales submarinos en la zona. En M. R. Zamora Roselló (dir.), *Actividades extractivas y políticas públicas: desafíos normativos y tecnológicos para el sector minero. En clave del Reglamento UE de materias primas fundamentales.* Tirant lo Blanch.

González Rodríguez, I. (2024). Minería marina: análisis legal y ambiental de los horizontes en su regulación. *Enfoques Jurídicos, 9.*

Sánchez García, C. B. (2024). Las actividades extractivas en la economía azul. En M. R. Zamora Roselló (dir.), *Actividades extractivas y políticas públicas: desafíos normativos y tecnológicos para el sector minero. En clave del Reglamento UE de Materias Primas Fundamentales.* Tirant lo Blanch.

Zamora Roselló, M. R. (2024). *Minería y comunidades autónomas: territorio, sostenibilidad y energía. Especial referencia a Galicia, Baleares y Andalucía.* Tirant lo Blanch.

Enlaces de interés

www.ibyda.es
www.igme.es

© Ediciones Pirámide

13 Transformando las ciudades: innovación, derecho y cambio climático en la gestión urbana

María Luisa Gómez Jiménez

1. PENSANDO EN CLAVE DE SOSTENIBILIDAD EN NUESTRAS VIVIENDAS EN EL MARCO DE LOS ODS

La Agenda 2030 para el Desarrollo Sostenible, integrada por 17 objetivos y 169 metas, ha diseñado el mapa de los objetivos de desarrollo sostenible y su necesaria implementación de manera transversal en todas las políticas públicas[1]. La dificultad que conlleva la traslación sin más de los objetivos previstos a escala internacional en el espacio jurídico-público, toda vez que se formulan en documentos de *soft-law* administrativo[2], denota no solo la complejidad normativa de su proyección sino la necesidad de su adecuación al contexto socio-político español, nutrido por variables demográficas, de ruralidad en la España vaciada, y de densidad e inadecuación de un parque envejecido de vivienda que necesita una urgente rehabilitación (no solo energética). Así, los ODS, se proyectan en documentos de obligado cumplimiento —desde la formulación de los instrumentos normativos que atienden a las políticas de vivienda en nuestro país, todo ello, sin olvidar la conflictividad vinculada a la calificación misma del ejercicio del derecho a la vivienda[3], en el de-

---

[1] La literatura sobre el tema comienza a ser ya prolija, aunque escasa aún en la proyección jurídica y traslación efectiva al ajuste de nuestras políticas. Así, puede verse García Matíes, R. (2016). Las entidades locales y los objetivos de desarrollo sostenible, algunas notas sobre la naturaleza jurídica de la Agenda 2030. *REALA, 5,* 96-105. O más recientemente entre nosotros Alonso Ibáñez, R. (dir.), González Medina, M. y De Gregorio Hurtado, S. (coord.) (2021). *Políticas urbanas y localización de los ODS: teoría y práctica.* Tirant lo Blanch.

[2] Por *soft-law* administrativo se entiende la integración de actos de naturaleza no homogénea que sin ser jurídicamente vinculantes, son jurídicamente relevantes [sic en Martínez Garrido, S. (2020). *Soft-Law en el derecho administrativo: especial análisis en el derecho internacional ambiental* (tesis doctoral, UB)].

[3] Téngase en cuenta la reciente entrada en vigor, en abril de 2023, de la Ley por el Derecho a la Vivienda, que fue aprobada por Ley 12/2023, de 24 de mayo, y que ha sido la precursora de una dinámica de modificación regulatoria en la materia en el ámbito autonómico, como han puesto de manifiesto el Decreto-Ley 1/2024, de 19 de febrero, de Canarias, o el Decreto-Ley 6/2024, de 24 de abril, de Cataluña, o la Ley 3/2024, de 3 de mayo, de Baleares.

bate inconcluso entre los tres problemas más importantes del país, en tanto que carencias con una larga tradición, propiedad y fomento del arrendamiento[4]— y de la calificación del mecanismo que, sin dejar a nadie atrás, incorpore la inclusión en la atención que los poderes públicos debieron prestar a la vivienda en plena pandemia por COVID-19.

Así, nuestra España diversa y plural, que combina políticas —cuya competencia exclusiva sobre vivienda recae en la esfera autonómica—, y se gestiona desde el ámbito urbanístico-local, se ve abocada a afrontar los nuevos retos que la pandemia ha enfatizado, que si bien estaban ya presentes, han cobrado nueva intensidad en la «nueva normalidad». Retos que conviven con la pluralidad de políticas públicas de vivienda en el ámbito autonómico[5] y la correspondiente secuencia de actuaciones en el ámbito local[6]. A ello debe sumarse el debate aún abierto entre el modelo de propiedad o el fomento del patrimonio inmobiliario y la atención al contenido constitucional, *ex* artículo 47, que sigue incorporando el calificativo de vivienda «digna» y «adecuada», para toda actuación enmarcada en su desarrollo. En el examen de las actuaciones llevadas a cabo en política de vivienda en nuestro país[7], ha primado, desde que se inició la primera medida regulatoria, un interés por proporcionar una calificación adecuada al derecho a la vivienda, como derecho subjetivo y humano[8], y la definición de instrumentos de corte económico que centraban su foco en la promoción inmobiliaria de vivienda con el fin de abordar la siempre difícil cuestión del acceso al bien —ya fuera en régimen de propiedad o en alquiler—. La forma de tenencia de la vivienda, y el acceso al mercado inmobiliario de tipologías de vivienda con algún tipo de protección pública han sido la tónica, pues, de todas la intervenciones que, vía plan de vivienda o no, se han venido a desarrollar desde el mercado de vivienda libre o la vivienda social con protección pública.

Pues bien, estas dinámicas inmobiliarias, que son objeto de atención por reguladores y profesionales del sector, y sufridas por los que ven cada vez más inalcanzable el acceso

---

[4] Tuvimos ocasión de asistir en una larga estadía en el Joint Center for Housing Studies de Harvard a la apuesta, de la administración norteamericana de entonces, por entender la atención al arrendamiento público de vivienda y explorar desde el control de alquileres —hasta las diversas fórmulas en las que puede ocuparse la vivienda—. López Ramón, F. (2020) y en el contexto internacional Apgar Will (2004). El reconocimiento legal del derecho a disfrutar de una vivienda. *Revista de Administración Pública, 212,* 297-308. doi: https://doi.org/10.18042/cepc/rap.212.1

[5] Una revisión rápida de la normativa aprobada hasta la fecha arroja la friolera de 22.699 disposiciones que se ocupan del desarrollo del derecho a la vivienda, en distintos ámbitos de actuación: estatal, autonómico y local, de las cuales 5.405 lo son exclusivamente de ámbito estatal. En cuanto a la producción autonómica, es destacable la de la Comunidad Autónoma de Navarra con 282 disposiciones, seguida de la de Baleares con 245, Aragón (242); Madrid (220); Galicia (211); Cataluña (197); Andalucía (178); País Vasco (168); Canarias (166); Cantabria (163); Castilla y León (159); Castilla-La Mancha (155); Extremadura (153); Valencia (152); La Rioja (149) y Murcia (136). Fuente: Vlex, Base de Datos Aranzadi de Legislación y Jurisprudencia.

[6] Expresión oportuna ofrecen los institutos municipales de la vivienda en su actividad de promoción de vivienda social y de gestión urbanística orientada a la edificación de vivienda y la regeneración urbana.

[7] Gómez Jiménez, M. L. (2006). *La intervención administrativa a la vivienda en España (1938-2005).* Montecorvo.

[8] Gómez Jiménez, M. L. (2015). Repensando el Derecho a la Vivienda, Derecho Humano o principio rector. *Revista Europea de Derechos Fundamentales, 25,* 359-382.

124

al bien[9], se conjugan a la vez con la constatación de avances tecnológicos cada vez más sofisticados que se cuelan en nuestras viviendas. Dispositivos electrónicos vinculados a la propia domótica de la edificación que van más allá de las infraestructuras técnicas de comunicaciones que habían sido ya integradas con anterioridad tras la aprobación del Código Técnico de la Edificación.

En este contexto, una variable adicional se está perfilando en los últimos años en todas las investigaciones emprendidas, y es la relativa a los condicionantes vinculados al cambio climático. Por ello, la domótica, como ciencia vinculada a la incorporación de dispositivos técnicos en el ámbito edificatorio, va configurando su propio espacio jurídico de forma progresiva y sesgada, a la luz de las disposiciones que atienden tanto aspectos edificatorios como tecnológicos o de eficiencia energética, como veremos. Si acudimos al *Diccionario de la Real Academia de la Lengua,* encontraremos la expresión «domótica» como: «conjunto de sistemas que automatizan las diferentes instalaciones de una vivienda»[10].

En España, la evaluación del cumplimiento de los ODS se ha enmarcado en la Estrategia de Desarrollo Sostenible 2030, que avanza en su informe de 2021 el recorrido de la política de vivienda en la proyección y escudo social generado tras la crisis motivada por la pandemia. Creemos que es preciso dar un paso adelante y plantear desde la academia un examen riguroso, no solo de la proyección jurídica de los ODS en general y en la política de vivienda en particular, sino de la definición de los desafíos que se perfilan como los que vamos a tener que afrontar en los próximos años, tomando como referencia temporal 2030, en materia de vivienda. Desafíos que han venido derivados tanto de los avances tecnológicos como de las emergencias que afrontamos. Desafíos que hay que contextualizar social y económicamente y que requieren que desde el derecho se mire a los aportes de otras ciencias no jurídicas para construir una propuesta normativa innovadora, orientada a la formulación de nuevas categorías de regulación inmobiliaria.

Así, en el año 2021 iniciamos un proyecto de investigación cuyo *leit motiv* plantea dar un paso más en el entendimiento de la vivienda *que queremos y que esperamos tener si queremos abordar con ella además el cumplimiento de los ODS*[11]. Pues como hemos previsto en su formulación, es la política de vivienda una de las políticas que deben ajustarse a los fines previstos por Naciones Unidas, pues acceder a un bien inadecuado (por ejemplo, porque en ella sus habitantes sufran de pobreza energética por escaso aislamiento térmico, o inadecuado por insalubre —al no permitir el correcto aislamiento de un enfermo, o que genere los espacios para integrar en la misma el teletrabajo—) no permite cumplir con los ODS.

---

[9] Este es el caso de la expresión contenida en un cada vez mayor número de publicaciones que reiteran esta idea. https://elpais.com/economia/2023-11-12/la-generacion-que-no-puede-comprar-vivienda.html

[10] *Diccionario de la Real Academia de la Lengua Española,* versión electrónica 23.6, edición del tricentenario, actualización 2022: https://dle.rae.es/dom%C3%B3tico#E7W0v9b. No se encuentra entrada alguna a la idea de vivienda inteligente o domótica en el *Diccionario del Español Jurídico,* magna obra dirigida por el profesor Santiago Muñoz Machado y publicada por la Real Academia y el Consejo General del Poder Judicial (2016), en el que sin embargo dedica una entrada a la expresión «smartphone», p. 1532.

[11] Se pondrá en valor en este contexto el sistema de indicadores de desarrollo sostenible de Andalucía, para el ODS 11, que puede verse en: https://www.juntadeandalucia.es/institutodeestadisticaycartografia/badea/informe/anual?CodOper=b3_834&idNode=51747

La Resolución del Parlamento Europeo de 21 de enero de 2021 por el derecho a la vivienda[12] y el Programa del Observatorio Europeo de la Vivienda para el año 2021 dejan entrever la importancia del diseño de políticas de vivienda que no solo incorporen los recursos disponibles al fomento de programas de alquiler de vivienda o a la atención a colectivos vulnerables, sino que supongan un cambio en la manera de abordar las cuestiones vinculadas al alojamiento y a la vivienda en el contexto de cambio tecnológico y de nuevos modelos sociales y de familia, sin olvidar a los sin techo. Además, la vivienda *consume recursos energéticos valiosos*[13], su eficiencia energética es primordial en el contexto del cambio climático irreversible en el que nos encontramos, y en el marco de los retos derivados del Pacto Verde Europeo, al albur de la revisión de la directiva sobre eficiencia energética de los edificios en su nueva formulación, así como la previsión del Reglamento 2021/241, de 12 de febrero, que establece el mecanismo de recuperación y resiliencia. A la mejora edificatoria contribuye la tecnología, con propuestas cada vez más revolucionarias de la manera, no solo de edificar, sino de producir, y el ajuste de los tiempos en los procesos constructivos. España tiene la oportunidad de aprovechar este momento sin precedentes para proponer medidas de corte jurídico y social que den respuesta *a la población envejecida y vulnerable* que precisa una vivienda adaptada social y tecnológicamente y que innove no solo en la mejora de la accesibilidad —para no dejar a nadie atrás—, sino en la anticipación a las situaciones que la nueva realidad social nos va a demandar en los próximos años. Solo así podríamos trasladar *el calificativo de resiliente a la política de vivienda.* Es por ello, que en este proyecto se combina el examen de tres variables complejas que conforman los ejes vertebradores de la investigación y que son: la atención a la *emergencia* (en sus vertiente socioeconómica, sanitaria y climática[14]); la *tecnología* (en su proyección domótica, de inteligencia artificial, IoT[15] e innovación impresión 3D, nuevos materiales, energías renovables, *e-health,* teletrabajo, etc.), y la necesidad de adecuación a los Objetivos de Desarrollo Sostenible en la calificación de una vivienda que como resultado de la combinatoria anterior resulte *resiliente,* la vivienda del siglo XXII.

---

[12] https://www.europarl.europa.eu/doceo/document/TA-9-2021-0020_ES.html. La resolución del Parlamento Europeo aboga por el reconocimiento del derecho a la vivienda como derecho humano y en consecuencia el mantenimiento de las medidas derivadas de la política de vivienda en la época COVID hasta 2030. La disposición: «Pide a la Comisión y a los Estados miembros que se aseguren de que *el derecho a una vivienda adecuada sea reconocido y ejecutable como un derecho humano fundamental mediante disposiciones legislativas europeas y nacionales* aplicables; pide a la Comisión y a los Estados miembros que garanticen la igualdad de acceso para todos a una vivienda digna, incluidos el agua potable limpia y de calidad, un saneamiento e higiene adecuados y equitativos, la conexión a las redes de alcantarillado y traída de aguas, un entorno interior de alta calidad y una energía asequible, fiable y sostenible para todos, contribuyendo así a erradicar la pobreza en todas sus formas, protegiendo los derechos humanos de los hogares desfavorecidos y apoyando a los grupos más vulnerables, a fin de proteger su salud y bienestar...».

[13] Según ha puesto de manifiesto la Comisión Europea, los edificios son responsables del 40 % del uso de la energía.

[14] No será objeto de la investigación el examen de la emergencia socioeconómica vinculada al acceso a la vivienda sino la segunda visión o enfoque, orientado a la adecuación de la vivienda a la emergencia y la tecnología —ejes TEC y TD—.

[15] Internet de las cosas, por sus siglas IoT, *Internet of Things.*

© Ediciones Pirámide

2. LAS CIUDADES COMO ECOSISTEMAS VIVOS EN LOS QUE NUESTRA VIDA DISCURRE AHORA TAMBIÉN CON IA

La inteligencia territorial no se mide por la aparición en *rankings,* cada vez más numerosos, sobre ciudades inteligentes, sino en la calidad de vida efectiva de sus habitantes y en la búsqueda de equilibrios territoriales que potencien una cohesión social, y económica a la par que permitan el desarrollo equilibrado y sostenible del entorno. Para el derecho administrativo no existe sin embargo aún una definición univoca de ciudad inteligente. A ello hay que añadir que la Directiva de Eficiencia Energética de Edificios (2010/31/UE), señalada para la implantación en 2020 de los llamados edificios de consumo de energía casi nulo, llamados nZEB *(Nearly Zero Energy Buildings),* obligará a la adecuación del parque residencial. Téngase en cuenta que el Real Decreto 732/2019, de 20 de diciembre, había modificado el Código Técnico de la Edificación, aprobado por el Real Decreto 314/2006, de 17 de marzo, para incorporar las exigencias comunitarias y garantizar que los edificios de nueva construcción presenten una elevada eficiencia energética, mayor confort y ahorro energético, además de una mayor protección contra el gas radón y contra incendios. La modificación del Documento Básico de Ahorro de Energía (DBHE) y la introducción del Documento Básico de Salubridad, dedicada a la protección de los edificios frente a la exposición al gas radón, suponen un plus que afecta de manera desigual al patrimonio inmobiliario tanto de carácter residencial —esto es, la edificación con uso de vivienda, como la institucional— como a la que se integra en el patrimonio edificatorio de las Administraciones públicas en general y, en el examen preciso, el patrimonio edificado de la Administración de la Junta de Andalucía. El desarrollo y la afección de estas disposiciones en el parque de viviendas y el patrimonio inmobiliario andaluz precisa de un examen riguroso y detallado que actualizando la normativa existente pueda orientar la definición de una tipología de vivienda sostenible y resiliente, a la par que una mejora en la intervención a realizar en el patrimonio edificado. Si se tiene en cuenta además que la inteligencia artificial y los procesos de automatización de las ciudades, más allá de la domótica, *inmótica* o *urbamótica,* deben tender a la conformación de ecosistemas de desarrollo azul, la percepción de la utilización de la técnica en una ciudad viva queda matizada por el imperativo de la circularidad en la gestión urbana y por la necesidad de construir para lo que es una ciudad: un ecosistema vivo.

3. EL PROYECTO PRO-VIDA, CÓMO Y POR QUÉ

En este contexto nació a finales de 2022 el proyecto PRO-VIDA Propuestas Regulatorias para una Vivienda Domótica Adaptada. Financiado con cargo al Plan Nacional de Investigación, en el marco de las convocatorias de los proyectos de transición ecológica y digital, Proyecto (TED2021-129635B-I00), que aborda cuestiones innovadoras vinculadas al derecho administrativo en particular, pero con objetivos que precisan de visiones integradoras. Así las cosas, la investigación prevista requiere altas dosis de interdisciplinariedad, que debiera transitar de la interdisciplinariedad a la transdisciplinariedad[16], al buscar una integración temática y conceptual difícilmente entendible en una sola disciplina. Esto supone integrar los saberes en contextos y metodologías de trabajo que combinen distintos enfoques, lenguajes y formas de aproximarse a los objetos de estudio. La ciudad así examinada cobra un significado diferente del que derivaría de una mera descripción urbanística o edificatoria. En el equipo de investigación de PRO-VIDA participan profesionales de la arquitectura, trabajo social, sociología, geografía, medicina, economía y juristas, y lo hacen con una dinámica de enriquecimiento mutuo en la forma no solo de relacionar las aproximaciones, sino en los resultados sectoriales que se producen y que llevan a una necesaria integración de la fase de detección de problemas, lo que permite combinar, mediante la realización de informes sectoriales, los avances en dinámicas conjuntas finales que suponen la ponencia sobre las temáticas clave detectadas.

El equipo se reúne con asiduidad en Seminarios de Innovación Sostenible (SEIS) para debatir y avanzar en temas afines, generando espacios de reflexión que han dado lugar a sesiones en el curso de doctorado de ciencias sociales y jurídicas.

4. LOS MEDIOS PERSONALES Y MATERIALES DE PRO-VIDA

Quizá uno de los principales activos de PRO-VIDA sean los recursos humanos con los que cuenta el proyecto. Recursos potenciados no solo, como señalábamos, por la interdisciplinariedad, sino por la especialización temática, que se combina de manera inteligente, creando un espacio creativo que ha permitido desarrollar un repositorio de soluciones innovadoras en materia de vivienda resiliente. Las claves de la resiliencia urbana, así construida, pasan por la necesidad de medios técnicos y de fórmulas digitales para llegar a la construcción de una base de datos en la que los investigadores vienen trabajando —con la incorporación de colaboradores temáticos, informadores clave, participación en foros relevantes y métodos de carácter bibliográfico—, que supone la revisión de las bases de datos especializadas y la puesta a disposición de los medios propios del Clúster E-CLAVE Azul, que desde la Clínica Legal Azul de Viabilidad Económica permite realizar simulaciones, y contar con apoyo y consulta especializada desde el Instituto de Biotecnología y Desarrollo Azul.

5. ALGUNOS RESULTADOS PRELIMINARES

El examen del ordenamiento jurídico y su cuestionamiento con una visión interdisciplinar es clave para la obtención de resultados que puedan reflejar los avances de la investigación. Así, desde el comienzo del proyecto se han realizado abundantes publicaciones (artículos publicados en revistas de impacto, varios libros, estando en prensa otros). Uno de ellos es una guía de buenas prácticas que viene a integrar un catálogo de soluciones ar-

---

[16] En el marco del RISPINES Lab o Laboratorio de Sostenibilidad del Grupo Permanente de Innovación Docente en el que participa.

© Ediciones Pirámide

quitectónicas innovadoras, el CATALOP. Sin incluir en el aporte igualmente elementos tales como el primer repositorio de soluciones innovadoras.

A ello hay que sumar una colaboración estrecha con el Centro de Estudios Centrum de la Universidad Católica Pontificia del Perú, en temas de difusión y comunicación internacional. Una colaboración al más alto nivel con ONU-HABITAT, a través de los proyectos desarrollados con la Universidad de la Sapienza en Roma o la Universidad de Macerata, y una integración de especialización en condicionantes del derecho vinculado al Pacto Verde Europeo desde la Universidad de Bremen (Alemania).

En la difusión realizada pueden contarse más de cuatro congresos internacionales y eventos organizados tanto en España como en el extranjero, algunos de los cuales pueden verse en: www.digitaldividevida.com.

6. FINALIDAD Y PROYECCIÓN DE PRO-VIDA

El examen del ordenamiento jurídico y su cuestionamiento con una visión interdisciplinar es clave para poder detectar no solo las deficiencias del marco regulatorio, sino para diseñar de manera acertada soluciones que nos permitan abordar los retos que, desde la proyección transversal, la atención a la sostenibilidad incorpora en las ciudades.

Así, la investigación que venimos desarrollando está realizando innovaciones en:

1. *El diseño de una política orientada al cumplimiento de los ODS,* como criterios informadores de la actuación pública en la política de vivienda, acompañado de un estudio jurídico riguroso sobre la naturaleza jurídica de estos instrumentos de *soft-law* administrativo y su proyección jurídica en el ámbito de la vivienda.

2. *Incorporación del eje tecnológico a la política de vivienda:* examen del régimen jurídico de la vivienda domótica, regulación y caracteres de la tipología de vivienda más allá de la regulación del hogar digital. Otro de los cambios que la tecnología ha integrado en las actividades diarias es el que implica la incorporación de *la inteligencia artificial* y los asistentes de voz en la vivienda; así, el control de accesos o la gestión de la energía y su consumo desde las políticas de eficiencia energética plantean una significativa atención que debe ser abordada por el legislador.

3. *La resiliencia en la política de vivienda:* la necesidad de pensar en términos de resiliencia también desde el derecho implica definir tanto indicadores de resiliencia adaptados a la necesidad social como la correspondiente correlación en la calificación jurídica de una nueva tipología edificatoria que permita calificar los caracteres definitorios de la misma y la calificación del derecho de acceso a la misma.

4. *Vivienda ante la emergencia del cambio climático:* más allá de la geografía del riesgo y las responsabilidades derivadas de la construcción de viviendas en terrenos con riesgos sísmicos, inundables o de otra índole, la emergencia climática supone un cambio de los condicionantes ambientales presentes en la regulación de la política de vivienda. Estos condicionantes deben ir más allá de la constatación de un

riesgo y deben ofrecer una respuesta adecuada a la emergencia, desde el derecho, que incorporen elementos como la eficiencia energética en la vivienda, sea esta nueva o rehabilitada, o la integración de la economía circular en el proceso edificatorio, así como los vectores climáticos de afección del vuelo y el subsuelo en la política de vivienda y urbanismo, entre otros.

5. *Vivienda adaptada a la emergencia sanitaria:* propuesta regulatoria enmarcada en las actividades de la red REDIAS, acompañada de una definición que permite aproximar la definición de una tipología de vivienda pensada para servir de espacio de recuperación y como medida de profilaxis para evitar el contagio en el caso de futuras pandemias.

6. *La integración de una proyección marcadamente «interdisciplinar y multidisciplinar»* que, sin perder la esencia del examen jurídico de las cuestiones, se enriquece de los saberes no jurídicos en la calificación de desafíos, necesidades sociales y propuestas realistas para adecuar la vivienda a la nueva realidad.

7. *La reflexión de derecho comparado, enmarcada en una proyección internacional relevante,* que permite no solo cotejar la realidad española con otras realidades europeas o americanas, sino encontrar elementos para la contextualización de los ODS desde UN-HABITAT y que la propuesta normativa presentada sea de enorme interés para nuestro país.

7. BUSCANDO SINERGIAS PRO-VIDA

El proyecto PRO-VIDA es un proyecto IBYDA e integra en su sede a más de cinco investigadores del Instituto Andaluz de Biotecnología y Desarrollo Azul, a la par que en él participan un nutrido grupo de investigadores del proyecto PAIDI-SEJ-650 PASOS. Parámetros de Sostenibilidad de las Tecnologías Habilitadores Digitales: Aspectos Jurídicos Sociales de la IA Aplicada. Los resultados de esta investigación son necesarios para el IBYDA porque permiten conectar las investigaciones sobre medio marino con las investigaciones sobre ecosistemas terrestres, inteligencia territorial y gestión sostenible de los espacios urbanos, a la par que permiten anticipar los diseños de interacción sostenible del hombre con el medio, desde la unidad GES-PRO o tercera unidad del IBYDA.

8. CONSTRUYENDO JUNTOS EN CLAVE INTERNACIONAL

La investigación cuenta con una pronunciada proyección internacional que ha permitido realizar actividades tanto en Europa (Italia, Alemania, Suiza) como en América (Estados Unidos, Perú). Además, el grupo SEJ-650 y la red URBANRED (SUMANET) REDIAS cuentan con su propio vehículo de difusión indexado: la revista *WPS-RISHUR*. A ello hay que sumar, como puede verse en las actividades realizadas, que la proyección internacional ha estado presente desde el principio y en la actualidad se vienen a desarrollar actividades desde la Global Pandemic Network (GPN), desde la que la IP coordina el

© Ediciones Pirámide

grupo de política de vivienda a escala internacional y participa activamente en la revista *Legal Policy and Pandemics,* que sirve de antesala a las actividades que desarrollaremos desde el equipo.

PARA SABER MÁS

Alonso Ibáñez, R. (dir.), González Medina, M. y De Gregorio Hurtado, S. (coord.) (2021). *Políticas urbanas y localización de los ODS: teoría y práctica.* Tirant lo Blanch.

Arredondo, R. (2019). La ciudad inteligente: un nuevo reto para la inclusión social, en las zonas con necesidad de intervención en Andalucía. En M. L. Gómez Jiménez (coord.), *Campus universitarios inteligentes: desafíos jurídicos y propuestas en el entorno urbano.* Atelier.

Cueto Galán, R. (2022). La vigilancia epidemiológica de la salud y los nuevos retos. En M. L. Gómez Jiménez (coord.), *Tecnologías habilitadoras digitales en un contexto de emergencia sanitaria, retos jurídicos y su proyección en las ciencias de la salud.* Tirant lo Blanch.

Gómez Jiménez, M. L. (2020). Vivienda domótica adaptada a la emergencia sanitaria: ideas preliminares, retos y propuestas normativas para la sociedad post COVID-19. *Revista de Derecho Urbanístico y Medio Ambiente, 54,* 305-350.

Gómez Jiménez, M. L. (2023). La Ley de vivienda a debate: propuestas regulatorias en el contexto de un sistema autonómico complejo que olvida lo local. *Revista de Derecho Urbanístico y Medio Ambiente, 57,* 365-366.

Puyol Montero, J. M. (2020). Data privacy and human dignity a legal approach in an interconnected world. En *New Challenges of Law. Studies on the dignity of human life.* Tirant lo Blanch.

Vargas Yáñez, A. y Gómez Jiménez, M. L. (2022). Requisitos espaciales y funcionales para la adaptación de las viviendas a las necesidades específicas de las personas mayores. En M. L. Gómez Jiménez (dir.), *Ciudades circulares y viviendas saludables: régimen jurídico administrativo y proyección social* (pp. 231-258). Dikinson.

Enlaces de interés

www.digitaldividevida.com
www.vidafp.uma.es

14 La comunicación digital del IBYDA, ejemplo de comunicación azul

Gema Lobillo Mora

1. INTRODUCCIÓN

La relación entre medio ambiente, economía y comunicación es directa. Por eso se hacen necesarias adecuaciones del sistema para solventar los problemas en esta relación que pueden hacer tambalear el sistema económico actual provocando irreparables daños en la sociedad. Es por ello, por lo que Administraciones públicas como la Unión Europea decidieron actualizarse e introducir de forma más directa estas inquietudes en las políticas públicas actuales. En 2020 la Unión Europea plantea la estrategia *Crecimiento Azul* en su *Estrategia Europea* definiendo el concepto de economía azul. Con ella se pretenden implantar medidas que superen las deficiencias estructurales en favor de un crecimiento sostenible.

El concepto de economía azul tiene cada vez más importancia en nuestro entorno, y paralelamente se hace necesario el nacimiento del concepto de *comunicación azul,* para que todas aquellas iniciativas relacionadas con la economía azul puedan ser divulgadas bajo el axioma «lo que no se comunica, no existe».

1.1. Economía azul versus comunicación azul

Con la publicación por el economista belga Gunter Pauli de *La Economía Azul: 10 años, 100 innovaciones, 100 millones de empleos* (2010) se asentaron las bases de un nuevo concepto basado en la idea de que los océanos y los ecosistemas marinos pudieran ofrecer soluciones sostenibles a desafíos globales como la escasez de recursos, la contaminación y el cambio climático. Esto implica aprovechar los recursos marinos de manera inteligente y responsable, utilizando tecnologías innovadoras y métodos de producción eficientes para maximizar el valor de los productos y servicios derivados del océano, sin comprometer su salud a largo plazo. En resumen, la economía azul busca armonizar el crecimiento económico con la conservación del medio ambiente en el entorno sostenible.

La universidad, a través de diferentes formas estructurales como los institutos de investigación, es un instrumento de conexión entre la sociedad y la ciencia. En este capítulo estudiaremos el caso del Instituto Andaluz de Biotecnología y Desarrollo Azul (IBYDA), como ejemplo de institución que acerca esta visión de la economía azul a la sociedad.

El objetivo del IBYDA es la investigación, la docencia, la divulgación, el desarrollo y la transferencia de conocimiento en el campo transdisciplinar de la biotecnología y el desarrollo azul. Creado el 28 de mayo de 2019, tras su aprobación por el Consejo de Gobierno de la Universidad de Málaga, el instituto adquirió el carácter de agente andaluz en julio de 2020.

Este instituto azul tiene un planteamiento transdisciplinar, contando con casi cien investigadores de multitud de ámbitos y disciplinas. Concretamente, el IBYDA se estructura en tres unidades:

- Ecosistemas y Organismos Acuáticos (ECOA)
- Tecnología de Procesos y Biotecnología (BIOTEC)
- Gestión Azul y Proyección Social (GESPRO)

Esta última unidad es la que comprende tanto la economía azul como la comunicación azul, y es desde la que se ha realizado el trabajo de divulgación y comunicación desde el comienzo de su creación.

2. PLAN ESTRATÉGICO DIGITAL DEL IBYDA

Para cualquier institución es indispensable tener un plan estratégico de comunicación, pero en el caso que nos ocupa es determinante por la complejidad que abarca, tanto por los públicos internos y externos como por el resto de los *stakeholders*.

Se denomina *stakeholders* a diversas audiencias, pero en un sentido muy amplio. No solo los públicos directos a los que va dirigida la comunicación, sino también a todas aquellas personas y organizaciones que se relacionan y toman decisiones con respecto a la organización. Pueden ser desde empleados, consumidores, proveedores, Administraciones, etc. (Álvarez y Sachs, 2023).

Es por ello por lo que es necesario un plan de comunicación azul para tener claro tanto las estratégicas como las tácticas para poder llegar a todos estos públicos, que son muy diversos. No obstante, en este capítulo solo nos centraremos en la planificación y gestión digital del IBYDA.

Debemos tener en cuenta que la gestión de la comunicación digital azul del IBYDA partía de cero, ya que era un organismo que se había creado en 2019 y estaba todo por hacer. Por un lado, esto era un inconveniente, pero, por otro, era ilusionante crear de la nada un proyecto tan interesante a nivel científico y social.

En 2021 se crea la web oficial (www.ibyda.es), a través de una empresa que gestionó el diseño, mientras que el comité directivo se encargó de la estructura y los contenidos que debía tener la web. Esta externalización del trabajo de diseño era indispensable, ya que no solo se requería una web plana, sino con un sistema interno que fuera capaz de aportar un espacio personal para los investigadores e investigadoras del IBYDA.

© Ediciones Pirámide

Además, la web tenía que ser *responsive,* es decir, capaz de adaptarse a cualquier dispositivo en cuanto a su diseño, accesibilidad y usabilidad, además de que fuera atractiva para los distintos públicos. Una de las cuestiones indispensables es que los colores corporativos tenían que ir de la mano de la filosofía del desarrollo azul.

La web IBYDA se estructuró en distintos bloques:

1. **IBYDA**

   — Presentación
   — Organización
   — Unidades
   — Líneas estratégicas
   — Infraestructura
   — Proyección internacional
   — Historia
   — Normativa propia
   — Personas IBYDA

2. **Investigación**

   — Grupos de investigación
   — Proyectos
   — Publicaciones

3. **Docencia**
4. **Transferencia**

   — Transferencia y empleo

5. **Servicios**
6. **Divulgación**

   — IBYDA *talks*
   — Actualidad IBYDA
   — Eventos/agenda

7. **Contacto**

Desde el punto de vista de la comunicación, el bloque 6 (divulgación) era el enlace idóneo para la publicación de noticias, de forma que el apartado de «Actualidad IBYDA» se ha ido actualizando de forma periódica, con noticias destacadas del IBYDA.

Concretamente, a fecha de la redacción de esta publicación (mayo de 2024) se han publicado 105 noticias en el apartado de Actualidad IBYDA, con una media de 30 noticias en casi tres años y medio. Estas noticias fueron redactadas, publicadas y difundidas por el área de comunicación del IBYDA.

Dentro del área de comunicación se crearon distintos perfiles de redes sociales para proceder a la difusión de noticias relacionadas con los ámbitos encaminados al desarrollo azul. Sabiendo que el concepto *azul* era muy atractivo, nos centramos en esta denominación para cinco perfiles y su denominación:

1. Twitter: @IBYDAazul

   La creación del perfil de Twitter se fundamenta en su audiencia, que es especialmente alta en el grupo de edad de 25 a 49 años, además de las características de la red social, que es muy importante para la difusión masiva de los contenidos. Esta red social permite informar, opinar, fomentar relaciones y promocionar servicios.

2. Facebook: @IBYDAzul

   La mayoría de los usuarios de Facebook son menores de 35 años. Sin embargo, la plataforma también es utilizada regularmente por usuarios de entre 36 y 65 años. Esta red social es muy útil para generar relaciones de valor con los usuarios, construir una imagen de marca y hacer *networking*.

3. Instagram: @institutoibyda

   El público de Instagram es más joven, más del 50% de los usuarios son menores de 35 años. Es una red social centrada en la imagen (texto y vídeos), cada vez más popular en otros segmentos de edad.

4. LinkedIn: Instituto de Biotecnología y Desarrollo Azul

   La edad media de los usuarios de LinkedIn se sitúa principalmente entre los 25 y los 34 años. Es una red social que permite el contacto profesional, encontrar proveedores, socios o expertos en la materia, así como medir la reputación *online*. Es muy útil para asentarte como prescriptor en un determinado sector.

5. YouTube: @ibydaazul

   Es una red social con mucha audiencia, donde los usuarios van desde los 16 a los 45 años. No se actualiza tan frecuentemente como las demás, pero tiene la ventaja de que se utiliza como repositorio de vídeos, para luego ser difundidos a través de otras redes sociales.

La estrategia digital se basó en la publicación de noticias propias del IBYDA, centrada en la generación de contenidos propios en el blog de la web corporativa, para luego ser difundidos por las redes sociales propias. Es decir, los contenidos de estas publicaciones se realizaron en una doble dirección: en primer lugar, como forma de compartir los contenidos propios realizados por el propio Instituto con noticias interesantes para la sociedad; y, en segundo lugar, y no menos importante, compartiendo información de otras organizaciones y/o proyectos relacionados con los objetivos del IBYDA. También se difundieron eventos organizados por el instituto azul y apariciones en medios de comunicación por parte de los integrantes de la organización, ya fueran miembros del consejo directivo o no, siempre que las noticias fueran pertinentes en cuanto al contenido con los objetivos de divulgación del IBYDA.

De esta forma diferenciamos el contenido propio del elaborado por nuestros *stakeholders,* compartiendo estos contenidos últimos para generar sinergias y alianzas futuras.

© Ediciones Pirámide

En cuanto a las redes sociales, se puede observar en el aumento de seguidores que se ha ido produciendo a lo largo de los años. Un aumento lento, pero constante, teniendo en cuenta las características del ámbito, que no es generalista, sino muy especializado.

TABLA 14.1

Datos de seguidores de las redes sociales oficiales del IBYDA

	Facebook	Twitter	Instagram	LinkedIn	YouTube
2021	167	112	129	32	38
2022	204	151	251	85	41
2023	219	166	339	161	43
2024*	221	230	375	246	45

* Datos obtenidos a fecha 13 de mayo de 2024.

Tras revisar esta tabla podemos deducir que el mayor número de seguidores del instituto azul es a través de Instagram, donde lo más importante es la imagen. A pesar de que Facebook comenzó con un mayor número de seguidores, Instagram lo alcanzó en 2022 de forma extraordinaria.

Otro caso a destacar es LinkedIn, que comenzó con pocos seguidores, pero que ha ido aumentado exponencialmente. Si desglosamos los resultados, tendríamos un aumento del 24,4 % en Facebook; un 51,3 % en Twitter; un 65,6 % en Instagram; un 87,9 % en LinkedIn y, por último, un 10,6 % en YouTube, lo que demuestra que es importante la realización de un trabajo constante en divulgación y comunicación científica.

Además, se diseñó un Manual de Identidad Corporativa para darle sentido y corporativismo a todas las comunicaciones que se difundieran, ya fueran por canales internos o externos del IBYDA. La estructura de este manual, basado en la aplicación del logotipo, fue la siguiente:

1. **Elementos básico de identidad**

    1.1. *Marca*

        1.1.1. Logotipo
        1.1.2. Marca gráfica principal. Versiones en color, negro y negativo
        1.1.3. Marca gráfica. Variante
        1.1.4. Construcción gráfica de la marca

    1.2. *Normas de utilización de la marca*

        1.2.1. Zona de protección y reducción mínima
        1.2.2. Utilización cromática: la marca sobre fondos de color corporativo

1.2.3. Utilización cromática: la marca sobre fondos en blanco y negro
1.2.4. Utilización cromática: la marca sobre fondos de otros colores
1.2.5. Usos incorrectos

1.3. *Tipografía*

1.3.1. Tipografía para uso interno
1.3.2. Tipografía corporativa

1.4. *Color*

1.4.1. Color corporativo: color directo, versión para Internet y multimedia, color para imprenta
1.4.2. Colores complementarios

2. **Papelería**

2.1. *Papelería corporativa*

2.1.1. Tarjetas de visita
2.1.2. Bolígrafo

3. **Otros elementos**

3.1. *Indumentaria corporativa*

3.1.1. Polo corporativo
3.1.2. Gorra corporativa
3.1.3. Abanico

3.2. *Membresía corporativa*

3.2.1. Documento

3.3. *Señalética*

3.3.1. Señalética de espacios

3.4. *Jabones*

3.4.1. Jabón de coco

Para la gestión de las redes sociales y el diseño y plasmación del Manual de Identidad Corporativa del IBYDA se contó puntualmente con diverso alumnado de prácticas cu-

© Ediciones Pirámide

rriculares para que la carga de todo este trabajo fuera más llevadera, así como voluntarios que compartieron la experiencia de la comunicación científica.

3. RELEVANCIA DE ESTA LABOR

Esta investigación es relevante porque pone en valor la labor que se realiza por parte de los profesionales de la comunicación y la divulgación de la ciencia. Esta labor a veces no es muy reconocida, ya que para poder realizar un buen trabajo es necesario mucho tiempo y dedicación, así como conocimiento de las herramientas de trabajo.

4. CÓMO SE LLEVÓ A CABO

Durante más de cuatro años esta labor se ha ido realizando, invirtiendo mucho tiempo y esfuerzo por conocer el ámbito y las formas de comunicación. No obstante, la divulgación y comunicación científica es una labor muy importante para poder devolver a la sociedad un poco de lo que tanto nos aporta a los investigadores e investigadoras, a través de la transferencia.

Gracias a la labor del alumnado y voluntariado así como del personal colaborador en estas cuestiones se pudieron desarrollar muchas tareas, dirigidas por la responsable del área.

5. RESULTADOS Y CONCLUSIONES

Los resultados obtenidos son de doble vertiente: tanto cuantitativos, como cualitativos. Los resultados cuantitativos no son especialmente cuantiosos, pero esto se justifica por la dificultad de dar a conocer y transmitir conocimientos tan complejos como aquellos de los que el IBYDA se ocupa. No obstante, como se ha podido comprobar el aumento de seguidores ha sido exponencial en las distintas redes sociales, con más relevancia en unas que en otras, como es el caso de LinkedIn o Instagram. En el caso de LinkedIn nos ayuda a desarrollar la reputación de marca, así como generar sinergias y *networking,* mientras que el caso de Instagram ayuda a dar visibilidad entre los más jóvenes y notoriedad de marca.

6. UTILIDAD DE ESTA INVESTIGACIÓN

La razón de ser de este capítulo del libro es visibilizar el trabajo que se desarrolla detrás de las áreas de comunicación de los organismos, proyectos y/o grupos de investigación, que suele a veces ser poco valorado entre la comunidad académica. Los nuevos criterios de la ANECA para la consecución de los sexenios de investigación (Resolución de 19 de diciembre de 2023) dejan entrever que se está empezando a valorar la labor de divulgación que los investigadores e investigadoras desarrollamos, que deriva en muchos casos en transferencia a la sociedad. Sin duda una de las razones de ser de la universidad.

PARA SABER MÁS

Álvarez, S. A. y Sachs, S. (2023). Where do stakeholders come from? *Academy of Management Review, 48*(2), 187-202.

Lobillo-Mora, G. y Lozano, M. (2024). La comunicación azul en la administración regional y local: caso de la Junta de Andalucía y el Ayuntamiento de Málaga. *Historia y Comunicación Social, 29.*

Pauli, G. (2010). *The blue economy.* Paradigm Pubns.

Resolución de 19 de diciembre de 2023, de la Secretaría General de Universidades, por la que se aprueba la convocatoria de evaluación de la actividad investigadora. https://www.boe.es/boe/dias/2023/12/22/pdfs/BOE-A-2023-26094.pd

© Ediciones Pirámide